PLC 控制系统设计、安装与调试（第5版）

（S7-1200/1500 PLC）

主　编　陶　权

副主编　梁洪方　庞广富　李可成

　　　　谢　彤　刘先黎　王艳峰

北京理工大学出版社

BEIJING INSTITUTE OF TECHNOLOGY PRESS

内 容 简 介

本教材以西门子 S7-1200/1500 PLC 为学习机型，教学内容以任务为单元，以编程指令应用为主线，借助大量典型案例讲解 PLC 编程方法和技巧；通过分析工艺控制要求，进行硬件配置和软件编程，系统调试与实施，由浅入深、循序渐进实现价值塑造、能力培养、知识传授三位一体的课程教学目标。

教材按照"双元编写＋数字资源＋思政元素＋学生中心＋引导问题＋分层教学"思路进行开发设计，遵循职教特色、产教融合的课程建设原则，弱化"教学材料"的特征，强化"学习资料"的功能，以企业岗位任职要求、职业标准、工作过程作为教材主体内容，把立德树人、课程思政有机融合到教材中，提供丰富适用、的立体化、信息化课程资源，实现教材、学材、工作手册等功能融通。

本书可作为高职高专院校机电、电气相关专业的教材，也可以作为工程技术人员学习 PLC 的参考书。

图书在版编目（ＣＩＰ）数据

PLC 控制系统设计、安装与调试 / 陶权主编. --5 版.
--北京：北京理工大学出版社，2022.3
　　ISBN 978-7-5763-1152-5

Ⅰ．①P…　Ⅱ．①陶…　Ⅲ．①PLC 技术　Ⅳ.
①TM571.61

　　中国版本图书馆 CIP 数据核字（2022）第 045017 号

出版发行 / 北京理工大学出版社有限责任公司
社　　　址 / 北京市海淀区中关村南大街 5 号
邮　　　编 / 100081
电　　　话 / （010）68914775（总编室）
　　　　　　（010）82562903（教材售后服务热线）
　　　　　　（010）68944723（其他图书服务热线）
网　　　址 / http://www.bitpress.com.cn
经　　　销 / 全国各地新华书店
印　　　刷 / 河北盛世彩捷印刷有限公司
开　　　本 / 787 毫米×1092 毫米　1/16
印　　　张 / 30.5　　　　　　　　　　　　　　责任编辑 / 朱　婧
字　　　数 / 676 千字　　　　　　　　　　　　文案编辑 / 朱　婧
版　　　次 / 2022 年 3 月第 5 版　2022 年 3 月第 1 次印刷　　责任校对 / 周瑞红
定　　　价 / 96.00 元　　　　　　　　　　　　责任印制 / 施胜娟

前　言

　　在工业 3.0 时代，PLC 具有传统的逻辑控制、顺序控制、运动控制、安全控制等功能，PLC 被称为工业控制的"常青树"；在工业 4.0 大背景下，中国制造 2025 把智能制造作为自动化和信息化深度融合主攻方向，智能制造的根基在于强大的工业自动化作支撑，PLC 不仅仅是机械装备和生产线的控制器，而且还是制造信息的采集器和转发器，同时也是智能制造和工业物联网的先行官，PLC 仍是现代工业控制的核心，在各大中型企业的生产中得到了广泛的应用。

　　西门子 S7-1200/1500PLC 是西门子新一代的 PLC，S7-1200/1500 的 CPU 均有 PROFINET 以太网接口，通过该接口可以与计算机、人机界面、PROFINETI/O 设备和其他 PLC 通信，S7-1200/1500PLC 性能指标大大提升，S7-1200 是 S7-200 换代产品，S7-1500 是 S7-300/400 的升级换代产品，S7-1200/1500PLC 已成为目前 PLC 控制系统的首选。

　　本教材以西门子 S7-1200/1500 PLC 为学习机型，教学内容以任务为单元，以编程指令应用为主线，借助大量典型案例讲解 PLC 编程方法和技巧；通过分析工艺控制要求，进行硬件配置和软件编程，系统调试与实施，由浅入深、循序渐进实现价值塑造、能力培养、知识传授三位一体的课程教学目标。

　　教材按照"双元编写＋数字资源＋思政元素＋学生中心＋引导问题＋分层教学"思路进行开发设计，遵循职教特色、产教融合的课程建设原则，弱化"教学材料"的特征，强化"学习资料"的功能，以企业岗位任职要求、职业标准、工作过程作为教材主体内容，把立德树人、课程思政有机融合到教材中，提供丰富适用、的立体化、信息化课程资源，实现教材、学材、工作手册等功能融通。

　　教材分为理论教材和任务工单教材两大部分。

　　理论教材按模块进阶、项目导向、任务驱动编写，把西门子 S7-1200/1500 PLC 内容整合成入门篇、进阶篇、精通篇 3 个模块，3 个模块包含七个项目，每个项目又分成若干任务，总共有 31 个任务；项目一认识 PLC 基础，项目二博图（TIA）软件安装与使用；项目三 S7-1200/1500 PLC 基本指令应用；项目四 S7-1200/1500 功能指令应用；项目五 S7-1200/1500 PLC 的 PID 控制；项目六 S7-1200/1500 PLC 的运动控制，项目七 S7-1200/1500 PLC 以太网通信。

　　任务工单教材树立以学习者为中心的教学理念，落实以实训为导向的教学改革，是任务驱动教学法的细化和落实；任务工单教材的每个任务按学习情景、学习目标、任务要求、任务分组、获取信息、工作计划、进行决策、工作实施、评价反馈等编写。

　　近年来，随着国家招生政策改革，实行百万扩招，高职院校生源来源多样化，学生结构

1

层次、文化基础、专业技能等显著分化，学生基础差异性大，针对学生个体差异，在教材的任务工单开发中因材施教，设置进阶式引导问题进行分层训练，引导问题无"*"是全体学生必需要完成的作业，引导问题前打"*"的是中层次以上学生要完成的作业，同时设置创新训练题，高层次学生可选择学习，实施分层分类培养，为学生个性化学习提供支撑，中高层次学生能得得到充分学习锻炼，低层次学生能够达到学校教学最低要求，顺利毕业，体现教育公平，促进学生全面发展，人人成才。

教材由广西工业职业技术学院陶权教授任主编。广西工业职业技术学院的梁洪方、庞广富、李可成、谢彤老师和广西玉柴机器股份有限公司的刘先黎高级工程师、广西金桂浆纸业有限公司王艳峰工程师担任副主编。

在本书的编写过程中，参考了有关资料和文献，在此向相关的作者表示衷心的感谢，由于编者水平有限和时间仓促，书中错误和不妥之处在所难免，恳请广大读者批评指正。

编 者

目　录

模块 3　精通篇

PLC控制系统设计、安装与调试（第5版）(S7-1200/1500PLC)

模块1 入门篇

项目1 初入宝山——认识PLC基础

- 任务1 PLC的前世今生——认识PLC
- 任务2 PLC的五脏六腑——探秘PLC结构及扫描原理
- 任务3 纸上谈兵——绘制PLC接线图
- 任务4 0和1的故事——讲述PLC数据类型

项目2 编程神器——T2A博途(TIA)软件安装与使用

- 任务5 编程神器——T1A博途软件简介、安装及使用

项目3 小试牛刀——PLC基本指令应用

- 任务6 手把手教——S7-1200 PLC控制运输物料传送带（基本逻辑指令）
- 任务7 放开手做——S7-1200 PLC控制电动机伸缩门（置位复位指令、上升下降沿指令）
- 任务8 甩开手练——S7-1200 PLC控制电动机星三角启动（定时器指令）
- 任务9 精练巧手——S7-1200 PLC控制停车场车位（计数器指令）
- 任务10 手脑并用——S7-1200 PLC控制水泥搅拌机（综合应用）

模块2 进阶篇

项目4 初露锋芒——S7-1200 PLC功能指令应用

- 任务11 S7-1200 PLC控制彩灯闪烁（传送指令、比较指令）
- 任务12 S7-1200 PLC控制跑马灯（移位指令）
- 任务13 S7-1200 PLC控制运货小车往返运动（顺序控制）
- 任务14 基于FC的S7-1200 PLC控制3台电动机启停
- 任务15 基于FB的S7-1200 PLC控制电动机星三角启动
- 任务16 S7-1200 PLC的中断指令应用
- 任务17 S7-1200 PLC的运算指令应用

项目5 控制神器——S7-1200 PLC的PID控制

- 任务18 S7-1200 PLC的模拟量处理指令应用
- 任务19 S7-1200 PLC的PID指令功能参数认知
- 任务20 S7-1200 PLC的液位PID控制

项目6 驱动控制——S7-1200 PLC的运动控制

- 任务21 S7-1200 PLC控制螺纹钻孔和攻丝（高速计数）
- 任务22 S7-1200 PLC控制工作台步进定位（运动控制指令）

模块3 精通篇

项目7 互通互联——S7-1200/1500 PLC以太网通信

- 任务23 认知PLC通信基本知识
- 任务24 (S7-1200 PLC+HMI) 控制电动机正反转启停
- 任务25 (S7-1200 PLC+HMI) 控制电动机星三角降压启动
- 任务26 两台S7-1200 PLC的TCP主从通信
- 任务27 认识S7-1500 PLC
- 任务28 S7-1500 PLC与S7-1200 PLC以太网PROFINET I/O通信
- 任务29 S7-1200 PLC通过PROFINET通信控制G120变频器启停与调速
- 任务30 S7-1200 PLC通过PROFINET通信读写G120变频器参数
- 任务31 S7-1200 PLC通过PROFINET通信控制FANUC工业机器人

模块 1

入门篇

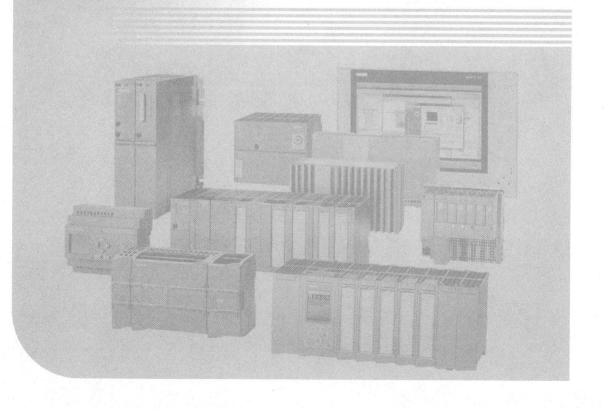

项目 1 初入宝山——认识 PLC 基础

任务 1 PLC 的前世今生——认识 PLC

学习目标

- 描述 PLC 含义，了解 PLC 产生，厘清 PLC 类型。
- 了解 PLC 应用场合。
- 概述课程学习内容和学习要求。

建议学时

2 课时

工作情景

某企业由于技术升级，准备大批量使用 S7-1200 PLC 作为生产设备的控制器，需要大量懂得 S7-1200 PLC 技术的工作人员，现准备对员工进行培训，要求员工通过学习，了解 PLC 的定义、产生与发展过程，知晓 PLC 的特点、主流品牌、分类、性能指标、编程语言、主要应用领域，为今后对 PLC 维护打下良好的基础。

PLC 的前世今生
——认识 PLC

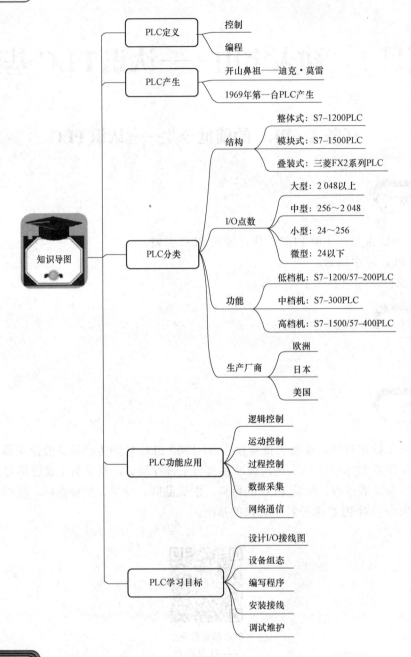

引子

图 1-1 所示的工业机器人为什么能按一定顺序节拍组装汽车？

图 1-1 工业机器人汽车生产线

图 1-2 所示的自动生产线为什么能按要求传送物料？

图 1-2 自动化生产线

图 1-3 所示的电梯为什么能按楼层平稳自动升降？

图 1-3 电梯装置

图 1-4 所示的高楼大厦广告彩灯为什么能按一定规律闪亮？

图 1-4　高楼大厦广告彩灯

图 1-5 所示的音乐喷泉为什么能按一定规律变化？

图 1-5　音乐喷泉

因为这些应用场合都有一个工业控制常青树——PLC 控制器。各种品牌的 PLC 外形如图 1-6 所示。

图 1-6　各种品牌的 PLC 外形

"中国制造 2025"把智能制造作为自动化和信息化深度融合主攻方向，智能制造的根基在于强大的工业自动化作支撑，可编程控制器（Programmable Logic Controller，PLC）不仅仅是机械装备和生产线的控制器，而且还是制造信息的采集器和转发器，无论是工业物联网快速普及，还是云服务逐渐进入制造业，都需要 PLC 提供直接与 MES、ERP 等上层管理软件信息系统连接的接口。PLC 已成智能制造先行官，是现代工业控制的核心，在各大中型企业的生产中得到了广泛的应用。

PLC 应用技术是自动化专业群的一门重要专业核心课程，具备设计、编程、安装、调试和维护 PLC 控制系统的能力，已经成为现代工业对自动化技术人员的基本要求。

通过本门课的学习，同学们可以体验 PLC 应用、感受 PLC 技术、揭开神秘的 PLC 世界。

1. PLC 的前世今生——PLC 的故事

PLC 是一种以逻辑和顺序方式控制机器动作的控制器，是计算机技术与继电控制技术结合起来的现代化自动化控制装置。

PLC 是在传统的顺序控制器的基础上引入了微电子技术、计算机技术、自动控制技术和通信技术而形成的一代新型工业控制装置，它实质上是一台用于工业控制的专用计算机，与一般计算机的结构相似，如图 1-7 所示。

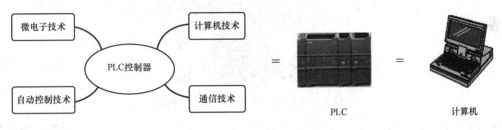

图 1-7　PLC 涵盖的技术

追溯 PLC 的前世，便不得不谈 PLC 领域的开山鼻祖——迪克·莫雷（Dick Morley），如图 1-8 所示。

图 1-8　PLC 之父——迪克·莫雷

1969 年，迪克·莫雷先生发明了世界上第一台投入商业生产的 PLC——Modicon 084，并成功将其应用于通用汽车生产线上。正是由于 PLC 的诞生，人类工业里程开始从落后的电气与自动化时代迈入电子信息化时代，开启了以 PLC 为核心的工业控制的全新时代，推动了工业自动化的进步，工业因此正式踏入 3.0 时代，如图 1-9 所示，而迪克·莫雷也因此被世人尊称为"PLC 之父"。

在此后 50 多年的时间，PLC 实现了工业控制领域接线逻辑到存储逻辑的飞跃；功能从弱到强，实现了逻辑控制到数字控制的进步；应用领域从小到大，实现了单体设备简单控制到胜任运动控制、过程控制及集散控制等各种任务的跨越。今天的 PLC 正在成为工业控制领域的主流控制设备，可谓是工业控制领域的常青树，即使是在工业转型升级的智能制造时代，它仍然足够胜任各种控制要求和通信要求。PLC 作为设备和装置的控制器，除了传统逻辑、顺序等控制功能之外，还承担着工业 4.0 和智能制造赋予的新任务。

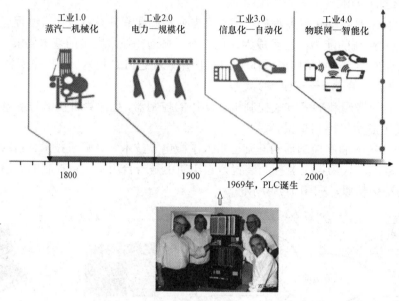

图 1-9　PLC 出现，进入工业 3.0 时代

2. PLC 种类

PLC 种类有很多，通过 PLC 的种类、特点了解不同品牌的 PLC，PLC 分类如图 1-10 所示。

S7-1200 PLC 概况

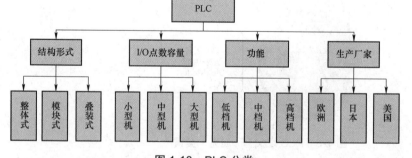

图 1-10　PLC 分类

西门子 PLC
种类及应用

（1）PLC 按结构形式分为整体式、模块式、叠装式 PLC。

1）整体式特点。结构紧凑，它将所有的电路（CPU、I/O 接口、电源、存储器）都装入一个模块内，构成一个整体，这样体积小巧、成本低、安装方便，小型、超小型 PLC 都属于这种结构形式。

西门子的 S7-200 系列、S7-1200 系列 PLC、三菱 FX2 系列 PLC、欧姆龙 C 系列 PLC 等都属于整体式，如图 1-11 所示。

2）模块式特点。在一块基板上插上 CPU、电源、I/O 模块及特殊功能模块，CPU、I/O 接口、电源、存储器以模块形式组合配置，灵活性强，故障时可快速置换。一般中型、大型 PLC

采用模块式。

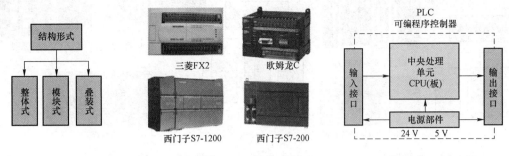

图 1-11　整体式 PLC

西门子的 S7-1500 PLC、S7-300/400 PLC，三菱 Q 系列 PLC、罗克韦尔 PLC 等都属于模块式结构，如图 1-12 所示。

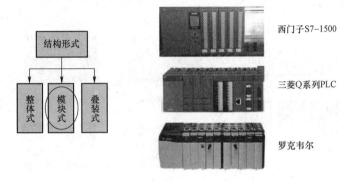

图 1-12　模块式 PLC

3）叠装式特点。它的结构也是各种单元、CPU 自成独立的模块，但安装不用基板，仅用电缆进行单元间连接，且各单元可以一层层地叠装。如三菱 FX2 系列 PLC 扩展时就属于叠装式，如图 1-13 所示。

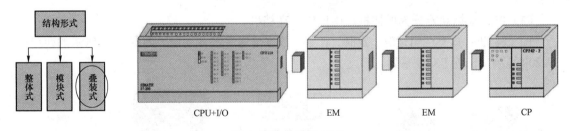

图 1-13　叠装式 PLC

（2）PLC 根据 I/O 点数分为大型机、中型机、小型机、微型机。

1）大型机：I/O 点数在 2 048 以上，如西门子 S7-400 系列、罗克韦尔 SLC5/05 等系列，如图 1-14 所示；大型机具有强大的计算、网络结构和通信联网能力，适用于设备自动化控制、过程自动化控制和过程监控系统等。

2）中型机：I/O 点数为 256～1 024，如西门子 S7-1500 系列、S7-300 系列，三菱 Q 系列等，如图 1-15 所示，中型机适用于复杂的逻辑控制系统以及连续生产过程控制场合。

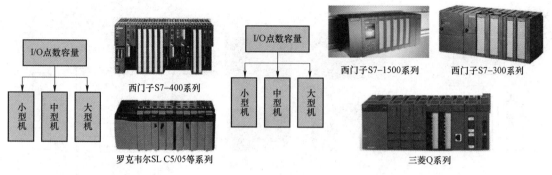

图 1-14　大型 PLC　　　　　　　　　　　图 1-15　中型 PLC

3）小型机：I/O 点数为 24～256，西门子 S7-200 系列、S7-1200 系列，三菱 FX 系列等为小型机，如图 1-16 所示。小型 PLC 的特点是体积小、价格低，适合应用在单机或小型 PLC 的控制系统。

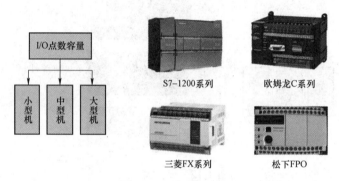

图 1-16　小型 PLC

4）微型机：一般 I/O 点数在 24 以下，只有逻辑控制、定时、计数控制等功能。如西门子的 LOGO!、三菱的 FX1S 等，如图 1-17 所示，特点是体积小，安装不占空间，价格便宜。

（3）PLC 根据功能分为低档机、中档机、高档机。

1）低档机：具有逻辑运算、定时、计数、数据传送等基本功能，如图 1-18 所示的西门子 S7-200 系列、三菱 FX1S 系列。

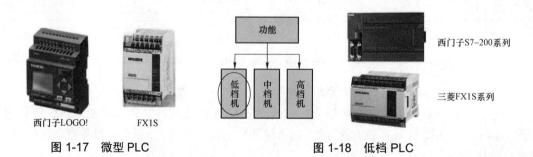

图 1-17　微型 PLC　　　　　　　　　　图 1-18　低档 PLC

2）中档机：除了有低档机的功能外，还有较强的控制和运算能力、远程 I/O 和通信功能，工作速度快、可连接的 I/O 模块多，如图 1-19 所示的西门子 S7-300 PLC、三菱 Q 系列

PLC。

3）高档机：除了具有中档机的功能外，还有强大的控制、运算（矩阵、特殊函数、智能运算）、通信联网功能，扩展的 I/O 模块更多，如图 1-20 所示的西门子 S7-400 系列 PLC、罗韦克尔 SCL5/05 等系列 PLC。

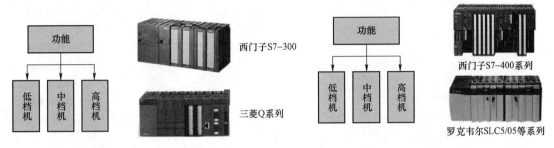

图 1-19　中档 PLC　　　　　　　　　　　　图 1-20　高档 PLC

（4）PLC 的生产厂家主要是欧洲、美国、日本等地域厂商。

欧洲厂家主要是德国西门子、法国施耐德等公司，如图 1-21 所示。

美国厂家主要是 A-B 公司罗克韦尔、通用电气（GE）公司，如图 1-22 所示。

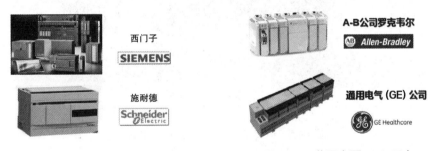

图 1-21　欧洲主要 PLC 厂家　　　　　图 1-22　美国主要 PLC 厂家

日本厂家主要是三菱电机、欧姆龙、松下等公司，如图 1-23 所示。

3. PLC 的功能与应用领域

PLC 有以下 5 个特点，故在各个领域得到广泛的应用。

（1）可靠性高，抗干扰能力强。

（2）通用性强，控制程序可变，使用方便。

（3）功能强，适应面广。

（4）编程简单，容易掌握。

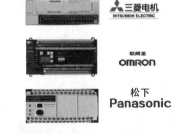

图 1-23　日本主要 PLC 厂家

（5）体积小、重量轻、功耗低、维护方便。

目前，PLC 在国内外已广泛应用于钢铁、石油、化工、电力、建材、机械制造、汽车、轻纺、交通运输、环保及文化娱乐等各个行业，如图 1-24 所示，随着其性能价格比的不断提高，应用的范围还在不断扩大。

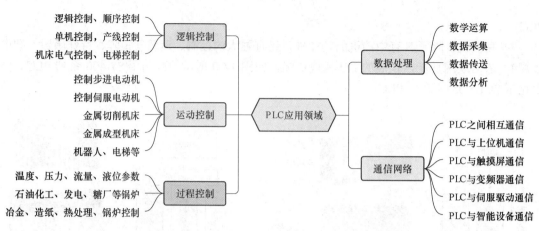

图 1-24　PLC 应用领域

PLC 在自动包装系统上的应用如图 1-25 所示。

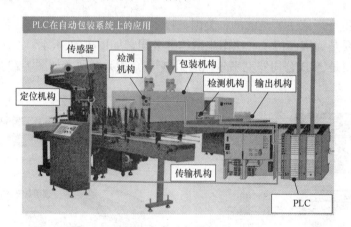

图 1-25　PLC 在自动包装系统上的应用

PLC 在电子产品制造设备中的应用如图 1-26 所示。

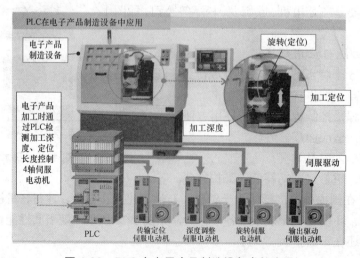

图 1-26　PLC 在电子产品制造设备中的应用

PLC 在纺织机械中的应用如图 1-27 所示。

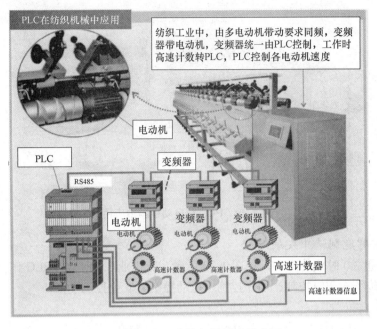

图 1-27　PLC 在纺织机械中的应用

PLC 在中央空调中的应用如图 1-28 所示。

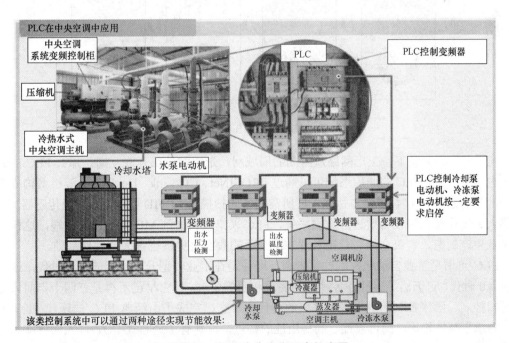

图 1-28　PLC 在中央空调中的应用

PLC 在自动检测中应用，如图 1-29 所示。

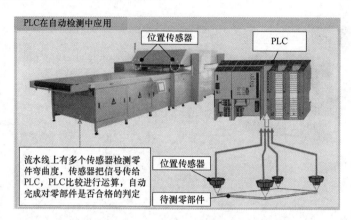

图 1-29　PLC 在自动检测中应用

4. PLC 在智能制造中发展趋势

PLC 是工业 3.0 时代的产物，如图 1-30 所示。在工业 3.0 时代，PLC 作为设备和装置的控制器，具有传统的逻辑控制、顺序控制、运动控制、安全控制功能。

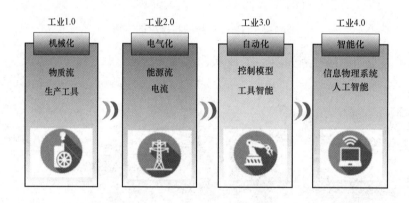

图 1-30　工业 1.0～4.0 发展

工业 4.0 大背景下，工厂网络从封闭的局域网，走向与外部互联互通，那么 PLC 的通信模式也需要改变。PLC 的通信系统可以通过 PROFINet、CC-Link、DeviceNet 等组网构成更加复杂的控制系统；同时 PLC 与智能工厂所需的条码扫描器、RFID 阅读器、智能传感器、工业机器人、工业相机等设备要进行数据采集，PLC 采集数据送到 MES、ERP、云端，这样才能为企业生产制造、物流仓储、营销管理实现全面的数字化提供更强大的硬件基础。

PLC 可谓是工业自动化控制的常青树，即使是在工业转型升级的智能制造时代，或者是工业 4.0 时代，它仍然足够胜任各种控制要求和通信要求。但它早已不再是三四十年前只能完成逻辑控制、顺序控制的继电逻辑系统的替代物，它已完成了由经典 PLC 向现代 PLC 的蜕变，继承了高性价比、高可靠性、高易用性的特点，再具有了分布式 I/O、嵌入式智能和无缝连接的性能，尤其是 5G 对工业自动化发展的影响，PLC 的通信网络化是今后发展趋势。

问题讨论：谈一谈工业 4.0 时代 PLC 的作用？

5. 课程学习目标

课程以西门子 S7-1200/1500 PLC 为学习机型，教学内容以任务为单元，以应用为主线，培养学生用指令设计梯形图解决工程实践项目的能力。

学习完本门课后，学生会根据工艺控制要求设计 PLC 的 I/O 接线图，编写满足控制要求的梯形图，能根据 I/O 接线图安装 PLC 控制线路，掌握 PLC 控制系统程序调试、故障分析和排除方法，能够用"PLC+触摸屏+变频器（伺服控制器）"等设备构建一个以 PLC 为核心的工业控制网络系统，如图 1-31 所示。同时在课程学习中树立起安全、质量、工程等职业意识，自觉养成从事 PLC 控制系统设计、编程、安装与维修工作中的规范、安全与文明生产素养。

图 1-31 课程学习目标

具体目标：

（1）了解 PLC 硬件结构、原理和 TIA 博途（TIA）软件使用，能设计 PLC 输入、输出端口与外围设备电路图，能够构建和安装简单的 PLC 控制系统。

（2）熟悉掌握基本逻辑指令和功能指令，能够用这些指令编写梯形图完成电气自动化系统的典型工作任务程序设计。

（3）能利用 PID 控制指令，完成 PLC 的模拟量闭环控制；利用运动控制指令，完成步进或伺服的 PLC 控制；利用通信知识，能搭建 PLC 与 G120 变频器、触摸屏和工业机器人通信的控制网络系统。

6. PLC 网络学习资源

（1）智慧树《PLC 应用技术》在线开放课程网站。

（2）中国工控网 PLC 频道：

http://www.gkong.com/sort/plc/

（3）西门子 PLC、变频器、HMI 视频网站：

http://www.ad.siemens.com.cn/service/elearning/default.html

任务思政

中国于 1977 年成功研制出了第一台 PLC，如图 1-32 所示。近年来，随着中国工业化的快速发展，国内 PLC 行业也在同期加速发展，因为价格优势、需求优势、兼容性强以及售后服务的进步，使得国内的 PLC 生产厂商有了与欧美国家一决高下的资本，有些工程师已经逐步地开始将国外的 PLC 品牌替换为国产品牌，国产 PLC 也在逐步占据更大的市场，同学们要清醒认识我国 PLC 应用在世界中的地位，不卑不亢、砥砺前行、弯道超车，开辟属于中国自动化的一条路，为祖国的科技事业贡献自己的力量。

目前国产 PLC 厂商主要集中在台湾、深圳以及江浙一带。例如：台达、永宏、盟立、和利时、汇川、安控、南大傲拓、信捷电气等，如图 1-33 所示。

图 1-32　国内外研制 PLC 时间

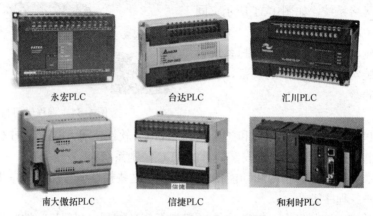

图 1-33　国内主要 PLC 厂家

思政作业： 分组调研国产 PLC 现状，撰写报告分享启发。

任务 2　PLC 的五脏六腑——探秘 PLC 结构及扫描原理

学习目标

- 识别 S7-1200 的硬件组成。
- 能分清输入输出接口外接设备。
- 认识 CPU 模块技术规范。
- 理解 PLC 循环扫描工作方式。

建议学时

4 课时

工作情景

抗击疫情，我们在行动！某公司为了支援抗击新冠疫情，要设计安装一个口罩机生产线系统，如图 1-34 所示，口罩机生产线是一个典型的机电一体系统，用到 PLC 控制设备运动，如你是公司的一名技术人员要进行 PLC 设备选型，你必须要清楚 PLC 的品牌、CPU 性能、输入/输出模块的选择、I/O 点数量、参数、结构、型号、价格等。

图 1-34 口罩机生产线

知识导图

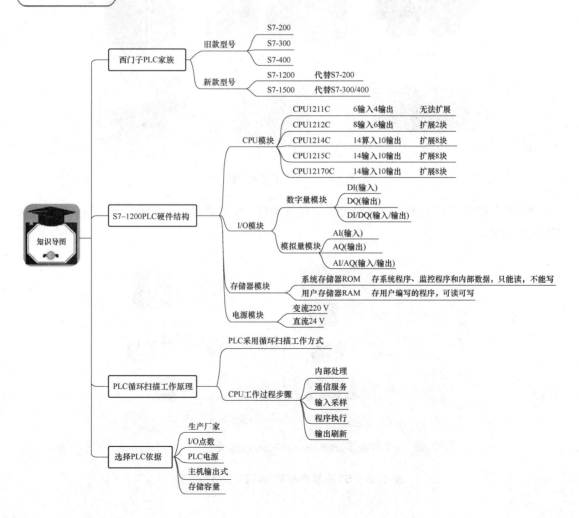

相关知识

1. 西门子 PLC 家族

说到西门子 PLC 产品，大家都能说出那些耳熟能详的型号，包括小型 PLC（S7-200）系列、中低性能系列（S7-300）和中高性能系列（S7-400）。近年来，随着技术发展，西门子公司不断推出 PLC 系列新产品，S7-1200/1500 是西门子新一代的 PLC，S7-1200 是 S7-200 的升级换代产品，S7-1500 是 S7-300/400 的升级换代产品，S7-1200/1500 的 CPU 均有 PROFINET 以太网接口，通过该接口可以与计算机、人机界面（HMI）、PROFINET I/O 设备和其他 PLC 通信，S7-1200 与 S7-200 价格差不多，S7-1500 的性价比高于 S7-300/400，与 S7-300/400 相比，S7-1500 已成为新设备的控制系统的首选，如图 1-35 所示。

LOGO! 是西门子公司研制的通用逻辑模块，属于微型 PLC，只有定时器、计数器、时钟等功能，可在家庭和安装工程中使用，亦可在开关柜和机电设备中使用。

图 1-35　西门子系列 PLC

西门子 S7 家族产品 PLC 的 I/O 点数、运算速度、存储容量、网络通信能力与功能趋势如图 1-36 所示。

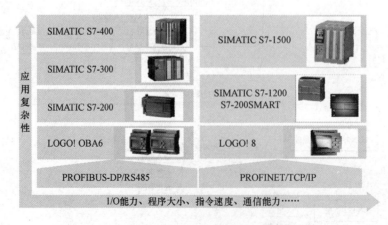

图 1-36　S7 家族产品参数与 PLC 功能趋势

如图 1-37 所示，S7-1200 覆盖了 S7-200 的全部功能和 S7-300 部分的功能，S7-1500 覆盖了 S7-400 和 S7-300 的部分功能。

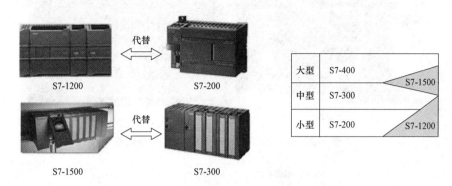

图 1-37 S7 家族产品 PLC 功能比较

2. S7-1200 PLC 硬件结构

S7-1200 和 S7-1500 使用同一种编程软件 TIA 博途，指令和功能几乎完全相同，区别是内存大小和 CPU 的速度

S7-1500 系列 PLC 是西门子公司推出的高端 PLC 产品，将会逐渐取代目前市场上的 S7-300/400 系列 PLC。

PLC 由微处理器（CPU）模块、输入/输出（I/O）模块、存储器、电源等组成，PLC 结构示意图如图 1-38 所示，S7-1200 和 S7-200 PLC 内部电路如图 1-39 所示，S7-1200 PLC 外形如图 1-40 所示。

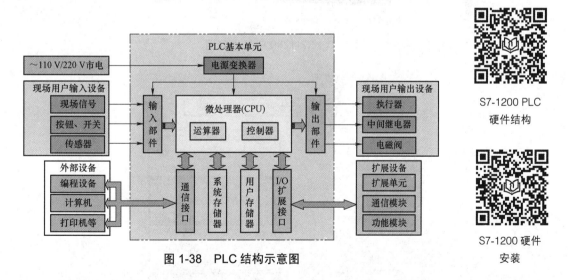

S7-1200 PLC
硬件结构

S7-1200 硬件
安装

图 1-38 PLC 结构示意图

（1）微处理器（CPU）模块。

打开 TIA 博途编程软件，可见 S7-1200 PLC 目前有 5 种型号 CPU 模块，分别为 CPU1211C、CPU1212C、CPU1214C、CPU1215C、CPU1217C 等，如图 1-41 所示。

S7-1200   S7-200

图 1-39　S7-1200 和 S7-200 PLC 内部电路

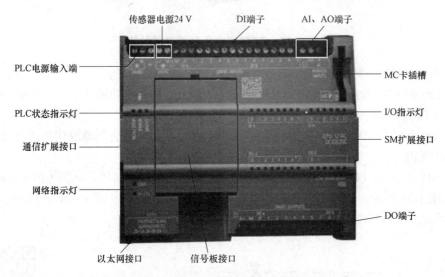

图 1-40　S7-1200 PLC 外形图

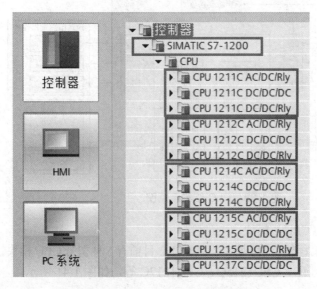

图 1-41　S7-1200 CPU 型号

20

"C"表示是紧凑型，即把 CPU 模块、输入/输出（I/O）模块、存储器、电源、PROFINET 以太网接口、高速运动控制功能等集成在一起组合到一个设计紧凑的外壳中。

CPU 相当于人的大脑和心脏，它不断地采集输入信号，执行用户程序，刷新系统的输出，存储器用来储存程序和数据。

S7-1200 集成的 PROFINET 接口用于与编程计算机、HMI（人机界面）、其他 PLC 或其他设备通信。此外它还通过开放的以太网协议支持与第三方设备的通信。

CPU 的规范表如表 1-1 所示。

表 1-1 CPU 的规范表

型号	CPU1211C	CPU1212C	CPU1214C	CPU1215C	CPU1217C
开关量点数	6 入 4 出	8 入 6 出	14 入 10 出	14 入 10 出	14 入 10 出
能带扩展信号模块（SM）	0	2	8	8	8
信号板（SB）、通信板（CB）	1	1	1	1	1
左侧扩展通信模块（CM）	3	3	3	3	3
存储容量	30 KB	50 KB	75 KB	100 KB	125 KB
以太网接口	1	1	1	2	2

1）CPU 的特性。

CPU 模块及周边扩展通信和信号模块如图 1-42 所示。

① 集成的输出 24V 电源可供传感器和编码器使用，也可以做输入回路的电源。

② 每个 CPU 都有集成的 2 点模拟量输入（0～10V），输入电阻 100kΩ，10 位分辨率。其中 CPU1215C 有 2 个模拟量输入，2 个模拟量输出。

③ 每一种都可根据需要进行扩展，CPU 的正面可增加 1 个信号板（SB），左侧可扩展 3 个通信模块（CM），右侧可最多扩展 8 个信号模块（SM）。注意 CPU1211C 右侧不能扩展。

④ 4 个时间延迟与循环中断，分辨率为 1ms。

⑤ 可以扩展 3 块通信模块和一块信号板，CPU 可以用信号板扩展一路模拟量输出或高速数字量输入/输出。

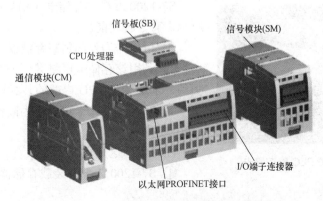

图 1-42 CPU 模块及周边扩展通信和信号模块

2）CPU 内部的存储器。

存储器分为系统存储器和用户存储器，如图 1-43 所示。

只读存储器（ROM）：它内部的数据只能读，不能写，断电后可以保存数据。ROM 一般用来存放系统程序。

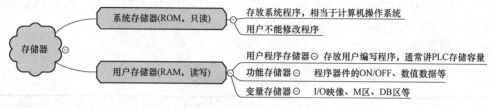

图 1-43　存储器分类

随机存取存储器（RAM）：其特点是访问速度快、价格低、可读可写，但是断电后数据无法保存。

闪存/可擦除存储器（Flash EPROM），它的特点是数据可读可写，访问速度慢，非易失性，断电后可保存。闪存一般用来存放用户程序和数据，SIMATC 的存储卡 MC 就属于这一类，MC 卡的作用是传送程序、清除密码、更新硬件等；S7-1200 中 MC 卡是选用件，不是必用件，无 MC 卡时，PLC 用户程序存在装载存储器中。

装载存储器相当于内存，用于保存用户程序、数据和组态。

工作存储器相当于硬盘，用于存储 CPU 运行时的用户程序和数据。

保持存储器，用于在 CPU 断电时存储单元的过程数据，保证断电不丢失。CPU 内存参数如表 1-2 所示。

表 1-2　CPU 内存参数

型号	CPU1211C	CPU1212C	CPU1214C	CPU1215C	CPU1217C
工作存储器容量	30 KB	50 KB	75 KB	100 KB	125 KB
装载存储器容量	1 MB	1 MB	4 MB	4 MB	4 MB
保持存储器容量	10 KB	10 KB	10 KB	10 KB	10 KB

图 1-44　S7-1200 PLC 的存储卡

S7-1200 PLC 的存储卡（相当于 U 盘）如图 1-44 所示，有 3 种功能。

① 可以作为外部装载存储器。

② 利用该存储卡可将某一个 CPU 内部的程序复制到一个或多个 CPU 内部的装载存储区。

③ 24 MB 存储卡可以作为固件更新卡，升级 S7-1200 的固件。

注意以下这几点。

① S7-1200 内部有装载存储器，所以该存储卡并不是必需的。

② 将存储卡插到一个正在运行的 CPU 中会造成 CPU 停机。

③ 插入存储卡并不能增加装载存储器的空间。

CPU 提供了各种专用存储区，如输入存储区（I 区）、输出存储区（Q 区）、位存储区（M 区），数据块存储区（DB 区）等，如图 1-45 所示。

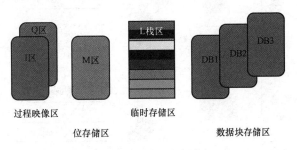

图 1-45 CPU 的存储区

3）CPU 供电方式。

根据供电方式和输入/输出方式的不同，CPU 分为 3 类：AC/DC/RLY、DC/DC/RLY 和 DC/DC/DC。前两个字母，表示 CPU 的供电方式：AC 表示交流电供电，DC 表示直流电供电。中间的字母表示数字量的输入方式：只有 DC 一种，表示直流电输入。最后的字母表示数字量输出方式：RLY 表示继电器（Relay）输出，DC 表示晶体管输出，如图 1-46 所示。

图 1-46 CPU 型号含义

（2）输入/输出（I/O）模块。

输入（Input）模块和输出（Output）模块简称为 I/O 模块，数字量（又称为开关量）输入模块和数字量输出模块简称为 DI 模块和 DQ 模块，模拟量输入模块和模拟量输出模块简称为 AI 模块和 AQ 模块，如图 1-47 所示，它们统称为信号模块，简称为 SM。

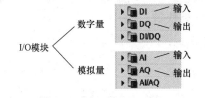

图 1-47 输入/输出信号模块

当集成在本体的 I/O 点数不够用时，可以扩展信号模块，如图 1-48 所示；安装在 CPU 模块的右边，扩展能力最强的 CPU 可以扩展 8 个信号模块，增加的数字量和模拟量输入、输出点最高达到 256 个。

输入接口和输出接口与外部信号连接示意图如图 1-49 所示，信号模块是系统的眼、耳、手、脚，是连接外部现场设备和 CPU 的桥梁。数字量输入模块用来接收从按钮、限位开关、接近开关、光电开关等传来的数字量输入信号。模拟量输入模块用来接收电位器、测速发电机和各种传感器提供的连续变化的模拟量电流、电压信号，或者直接接收热电阻、热电偶提供的温度信号。

数字量输出模块用来控制接触器、电磁阀、电磁铁、指示灯、数字显示装置和报警装置等输出设备，模拟量输出模块用来控制电动调节阀、变频器等执行器。

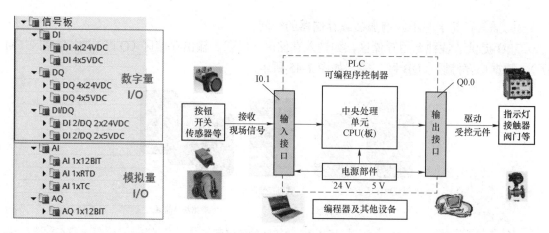

图 1-48 输入/输出信号扩展模块   图 1-49 输入接口和输出接口与外部信号连接示意图

CPU 模块内部的工作电压一般是 DC5 V，而 PLC 的外部输入/输出信号电压一般较高，例如 DC24 V 或 AC220 V。从外部引入的尖峰电压和干扰噪声可能损坏 CPU 中的元器件，使 PLC 不能正常工作。在实际应用中，用光耦合器、小型继电器等器件来隔离 PLC 的内部电路和外部的输入、输出电路。信号模块除了传递信号外，还有电转换与隔离的作用。

（3）信号板（SB）。

信号板设计是 S7-1200 PLC 的一个亮点，使用嵌入式安装，能扩展少量的 I/O 点（数字量 DI、DO 和模拟量 AI、AO 等），如 2 点 DI 输入，2 点 DO 输出，提高控制系统的性价比，如图 1-50 所示。

（4）通信模块。

如图 1-51 所示，通信模块安装在 CPU 模块的左

图 1-50 信号板

边，最多可以添加 3 块通信模块，可以使用点对点通信模块、PROFIBUS 模块、GPRS 远程通信模块等。

通信模块	类型及作用
CM1241	RS485/RS422
CM1241	RS232
CM1243-5	PROFIBUS-DP主站
CM1242-5	PROFIBUS-DP从站
CP1242-7	GPRS

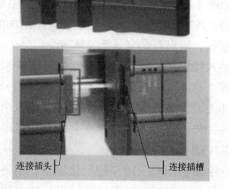

连接插头   连接插槽

图 1-51 通信模块连接

S7-1200 PLC 硬件安装视频（扫码观看）。

3．PLC 循环扫描工作原理

要熟练地应用 PLC，首先要理解 PLC 的工作原理，只有理解了 PLC 的工作原理，才能理解和分析 PLC 程序的执行过程。

PLC 采用循环扫描工作方式，即 CPU 周而复始地执行任务（5 个步骤）。

如图 1-52 所示，CPU 工作过程分为 5 个步骤：① 内部处理；② 通信服务；③ 输入采样；④ 程序执行；⑤ 输出刷新。

这 5 个步骤称为一个扫描周期，图 1-53 所示是输入/输出映像示意图。

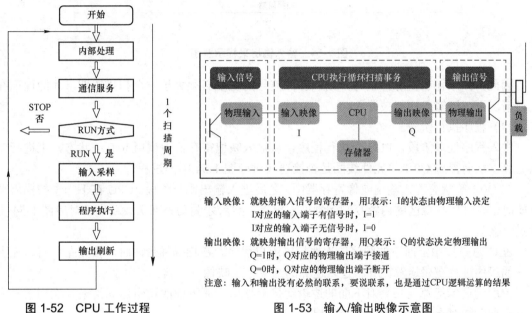

图 1-52　CPU 工作过程　　　　　图 1-53　输入/输出映像示意图

（1）内部处理阶段。

在内部处理阶段，PLC 检查 CPU 内部的硬件是否正常，将监控定时器复位，以及完成一些其他内部工作。

（2）通信服务阶段。

在通信服务阶段，PLC 与其他的设备通信，响应编程器键入的命令，更新编程器的内容。

当 PLC 处于停止模式时，只执行内部处理和通信服务两个阶段的操作；当 PLC 处于运行模式时，还要完成另外 3 个阶段的操作，另外 3 个阶段是输入采样阶段、程序执行阶段、输出刷新阶段。

（3）输入采样阶段。

输入/输出采样示意图如图 1-54 所示，输入/输出映像区示意图如图 1-55 所示。

依次地读入所有输入状态（I0.0、I0.1 等）和数据，并将它们存入输入映像区中的相应单元内（对应图 1-54 中的过程①）。输入采样结束后，转入用户程序执行和输出刷新阶段。在这两个阶段中，即使输入状态和数据发生变化，I/O 映像区中的相应单元的状态和数据也不会改变。

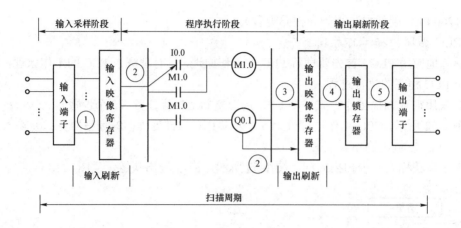

图 1-54　输入输出采样示意图

因此，如果输入是脉冲信号，则该脉冲信号的宽度必须大于一个扫描周期，才能保证在任何情况下，该输入均能被读入。

（4）程序执行阶段。

进入程序处理阶段，PLC 会执行程序，从输入映像寄存器中调用 I0.0 的状态，来进行逻辑运算，从而得到 Q0.1 等元件线圈是否接通（对应图 1-54 中的过程②）。

把 Q0.1 等状态存入输出映像寄存器中，之后进入输出刷新阶段。CPU 在下一个扫描周期开始时，将过程映像区的内容复制到物理输出点，然后才驱动外部负载动作（对应图 1-54 中的过程③）。

PLC 总是按由上而下的顺序依次地扫描用户程序。在扫描梯形图时，按先左后右、先上后下的顺序进行逻辑运算，并将逻辑运算的结果存于映像寄存器。

上面的逻辑运算结果会对下面的逻辑运算起作用，而下面的逻辑运算结果只能到下一个扫描周期才能对上面的逻辑运算起作用。

注意：在程序执行阶段，I/O 的读取通过 I/O 映像寄存器，而不是实际的 I/O，执行程序时所用的输入、输出状态值，取决于输入、输出映像寄存器的状态。

但是如果在地址或变量后面加上"：P"这个符号的话，就可以立即访问外设输入，也就是说可以立即读取数字量输入或模拟量输入，它的数值是来自被访问的输入点的，而不是输入过程映像区的。

（5）输出刷新阶段。

在所有指令执行完毕后，输出映像寄存器中所有输出继电器的状态在输出刷新阶段转存到输出锁存寄存器中（对应图 1-54 中的过程④）。

通过一定方式输出，驱动外部负载，该阶段才是 PLC 的真正输出（对应图 1-54 中的过程⑤）。

PLC 每执行一循环（5 个阶段）扫描所用的时间称为扫描周期，每一个扫描周期内，外设的值（输入/输出）只更新一次，从而保证了 PLC 在执行程序时，不受外界信号变化的影响。扫描周期的时间不是固定的，与用户程序的长短、指令的种类和 CPU 执行指令的速度有很大的关系，当程序较短时（几十到几百步），时间为十几到几十毫秒。

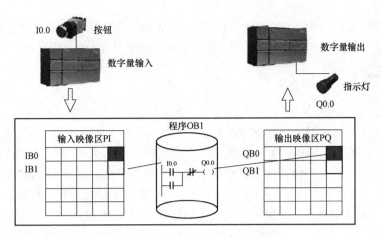

图 1-55 输入输出映像区示意图

问题讨论 1：描述继电器接触器控制线路的动作原理。

_____

_____

问题讨论 2：描述 PLC 梯形图的动作原理。

_____

_____

问题讨论 3：描述讨论 1 和讨论 2 中的动作原理的区别。

_____

_____

问题讨论 4：说出"I0.0"与"I0.0：P"的区别。

_____

_____

4. 选择 PLC 依据

（1）生产厂家：进口还是国产。

（2）I/O 点数：I/O 点数是 PLC 可以接收的输入、输出信号的总和，是衡量 PLC 性能的重要指标。I/O 点数越多，外部可接的输入设备和输出设备就越多，控制规模就越大。PLC 的 I/O 点数应该有适当的余量，通常根据统计的输入/输出点数，再增加 10%~20%的可扩展余量后，作为输入/输出点数估算数据。

（3）PLC 电源：有交流 220 V，直流 24 V，电源模块的电流必须大于 CPU 模块、I/O 模块以及其他模块消耗电流的总和。

（4）主机输出形式（继电器、晶体管、晶闸管）。

（5）通信方式（CC-Link/LT、RS232、RS485、PROFINET、PROFIBUS 等）可根据使用者要求参考 PLC 的选型样本。

（6）功能：可扩展能力大小。

（7）存储容量：PLC 的存储器由工作存储区、装载存储区（存用户程序、数据）和保持性存储区 3 部分组成，表征系统提供给用户的可用资源，是系统性能的重要技术指标。

CPU 1214C 工作存储区的容量是 75 KB，装载存储区是 4 MB，保持性存储区是 10 KB。

任务思政

2020 年的新春，最紧俏的年货非口罩莫属，口罩生产企业加班加点，不但实现自给自足，而且出口国外，体现了"中国速度"。你知道口罩是怎样生产出来的吗？图 1-56 所示的全自动口罩机是一个典型的机电一体化设备，全自动化的口罩生产线，离不开 PLC 这颗"大脑"的控制与协调。口罩成型机、口罩压合机、口罩切边机、鼻梁条线贴合机、耳带点焊机等设备在 PLC 的控制下，完美配合，生产出一个又一个口罩；故学好 PLC 技术，立志成才，方能报效祖国。

图 1-56　口罩机生产线

思政作业：寻找抗疫中的自动化设备和系统。请同学们在网上查找口罩机生产线系统控制原理图，并了解 PLC 在口罩机生产线系统中的作用。

任务 3　纸上谈兵——绘制 PLC 接线图

学习目标

- 识别 PLC 输入/输出电路结构、原理及特点。
- 能画出 CPU1214C 和 CPU1215C 端子接线图。
- 熟悉 PLC 实训室网孔板布置图。

建议学时

4 课时

工作情景

对 S7-1200 PLC 硬件结构有了一定的认识后，后面需要进行大量的 PLC 安装接线、编程、调试等实训，在进入实验室进行 PLC 实训前，必须了解 PLC 的输入/输出接口电路工作原理，熟悉 S7-1200 端子接线图，为下一步画 PLC 的输入/输出接线图及维护 PLC 控制线路打下基础。

知识导图

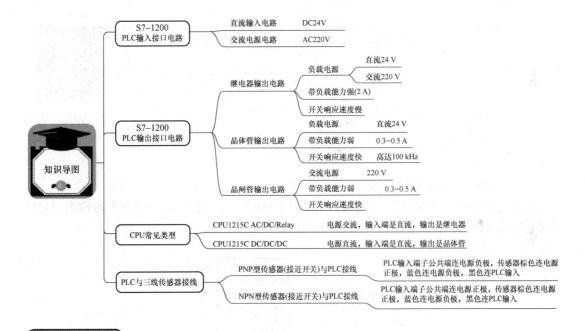

相关知识

PLC 输入/输出接口电路是 PLC 与现场的输入/输出装置之间的连接桥梁，如图 1-57 所示。下面主要介绍数字量输入单元与 PLC 输入电路连接，数字量输出单元与 PLC 输出电路连接。

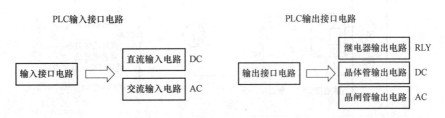

图 1-57　PLC 输入/输出接口电路

1. S7-1200 PLC 输入接口电路

PLC 的输入接口电路有直流输入电路和交流输入电路，直流输入电路的电源是 24 V，交流输入电路的电源是 220 V，下面以直流输入电路为例说明输入电路组成及原理。

PLC 的输入接口电路一般由驱动电源、输入端子、光电耦合器、内部电路 4 大部分组成，如图 1-58 所示。从图 1-58 可看到，电源在 PLC 的外部，当输入开关闭合，电流从电源正极通过输入端 I0.0 流入，经过光电耦合器、LED（发光二极管）到 1M 端回到电源负极。发光二极管装在 PLC 的面板上，用来显示某一输入点的状态是否有信号输入；输入触点可以是无源触点如按钮、开关、行程开关，也可以是有源开关，如接近开关或各类传感器等。

必须注意，当输入是连续变化的模拟量时（如温度、压力、流量、液位），输入信号要经过 A/D 转换才能送入 PLC。

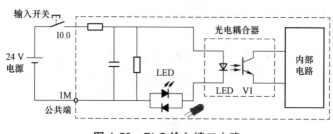

图 1-58　PLC 输入接口电路

S7-1200 PLC 输入
输出接口电路

2. S7-1200 PLC 输出接口电路

为了适应不同负载的需要，输出接口电路有 3 种不同的电路形式，分别继电器输出（RLY）、晶体管输出（DC）、晶闸管输出（AC），如图 1-59 所示。

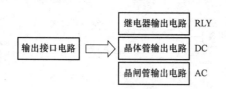

图 1-59　PLC 输出接口电路类型

（1）继电器输出电路。

继电器输出是最常用的输出，端子外负载可采用直流或交流电源，如图 1-60 所示，当继

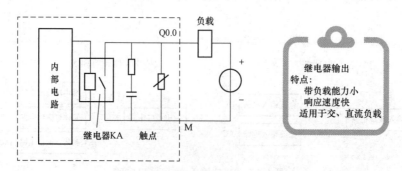

图 1-60　继电器输出电路及特点

电器得电,KA 触点闭合,负载通过 KA 与电源接通。继电器输出的 PLC 输出电压是交流 5 V～250 V 或直流 5 V～30 V;输出电流是 2 A;负载是 DC30 W,AC300 W。继电器输出特点是带负载能力强,但动作频率和开关响应速度慢,一般每分钟动作 10 次以下时选用继电器输出。

(2)晶体管输出电路。

输出接口电路采用晶体管输出接口时,只能用直流电源,如图 1-61 所示。晶体管导通后,负载获得电源 24 V 处于工作状态。晶体管输出的 PLC 输出电压是直流 24 V,输出电流最大是 0.5 A。晶体管输出特点是动作频率高(100 kHz),开关速度快(响应时间 0.2 ms),但带负载能力小,常用于高速计数。

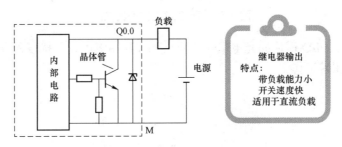

图 1-61 晶体管输出电路及特点

(3)晶闸管输出电路。

晶闸管输出电路如图 1-62 所示,晶闸管相当于交流电子开关,晶闸管输出特点与晶体管一样,动作频率高,开关速度快,但带负载能力小。

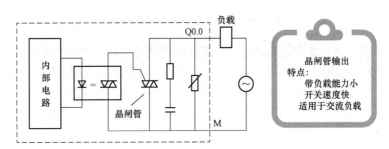

图 1-62 晶闸管输出电路及特点

下面以 PLC 继电器输出电路为例,说明输出接口电路组成和原理,如图 1-63 所示,继电器输出电路一般由内部电路、继电器、输出端子、驱动电源组成。当内部电路使 KA 触点接通,相当于输出 Q0.0 闭合,输出回路负载得电工作。同时在 PLC 的输出面板上有表示输出状态的发光二极管。输出设备有指示灯、接触器、电磁阀等可与 PLC 输出端子相连,输出负载电源由用户根据负载要求从电源种类(直流或交流)、电压等级(直流 24 V 或交流 220 V)、容量等来配备。

输入/输出电路作用,如图 1-64 所示。

传递信号:把外部信号通过输入单元送入 PLC,PLC 把执行结果送出输出单元来控制现场设备。

电平转换:一般 CPU 输出的电源电压是直流 5 V,而 I/O 信号的输出电压是直流 24 V 或交流 220 V 等,当两者进行通信时就需要 I/O 模块进行电压转换。

31

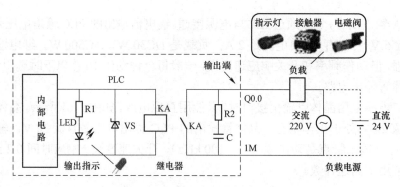

图 1-63　PLC 继电器输出电路

噪声隔离：通过 I/O 模块的光电耦合器防止外部极端电压和干扰侵入导致 CPU 模块的损坏或影响 PLC 的正常工作。

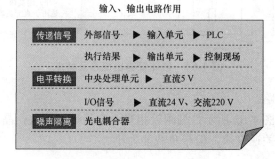

图 1-64　PLC 输入/输出电路作用

注意：在 PLC 带感性负载输出电路中，感性负载在开合瞬间会产生瞬间高压，继电器（晶体管）的寿命将大大缩短。因此，当驱动感性负载时，对于直流负载，在负载两端加过电压抑制二极管；对于交流负载，在负载两端接入吸收 RC 保护电路，如图 1-65 所示。图 1-65（a）是 PLC 晶体管输出保护电路，图 1-65（b）是 PLC 继电器输出保护电路。PLC 输出保护内部电路图如图 1-66 所示。

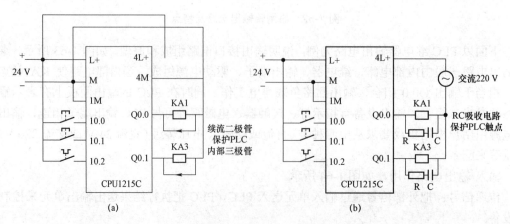

图 1-65　PLC 输出保护电路

（a）PLC 晶体管输出保护电路；（b）PLC 继电器输出保护电路

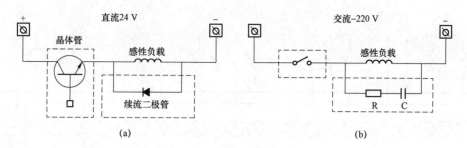

图 1-66 PLC 输出保护内部电路示意图

（a）晶体管输出；（b）继电器输出

问题讨论 1：继电器输出的 PLC 能否接 100 W、220 V 的电灯，为什么？

问题讨论 2：如果是晶体管输出的 PLC 能否接 100 W、220 V 的电灯，为什么？

1. S7-1200 PLC 端子接线图

（1）CPU1214C AC/DC/Relay 端子接线，如图 1-67 所示。

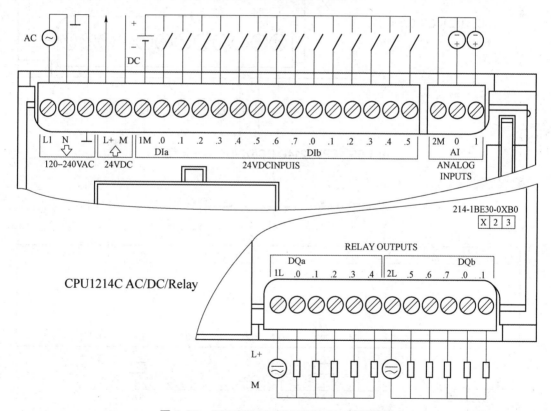

图 1-67 CPU1214C AC/DC/Relay 端子接线

（2）CPU1214C DC/DC/DC 接线图，如图 1-68 所示。

（3）CPU1215C DC/DC/DC 接线图。

CPU1215C DC/DC/DC 的输入端开关与输出端线圈接线图如图 1-69 所示，注意不管是输入端还是输出端都需要电源。

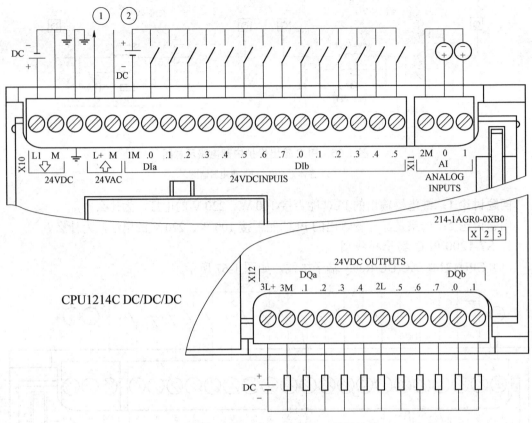

图 1-68　CPU1214C DC/DC/DC 端子接线

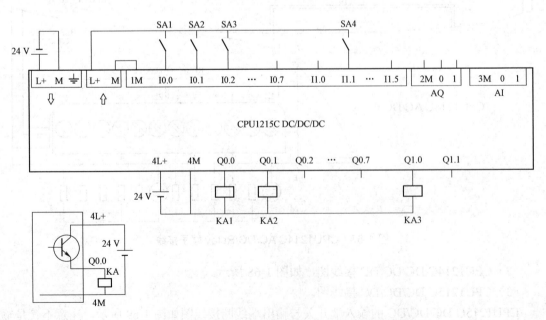

图 1-69　CPU1215C DC/DC/DC 输入/输出端子接线

2. PLC 与三线式传感器接线

在自动化生产线中，大量用到传感器检测位置，三线式传感器主要有接近开关，分为 PNP 型和 NPN 型，如图 1-70 所示。用万用表可测量传感器是 NPN 型还是 PNP 型，用表笔接传感器输出的一端，在感应到物体时：

表笔另外一端接正，存在电压，说明输出为负，属 NPN 型；

表笔另外一端接负，存在电压，说明输出为正，属 PNP 型。

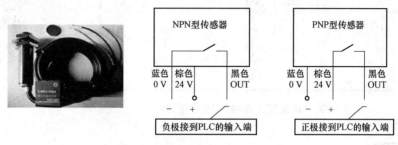

图 1-70　万用表测三线式传感器

（1）PNP 型传感器（接近开关）与 PLC 接线图。

PNP 型传感器与 PLC 接线图如图 1-71 所示，电流从外部电源 24 V 正极经过 PNP 型开关内部输出接到 PLC 的输入 I0.0 端，经过 PLC 内部电路从 1 M 端流出到电源负极，构成回路。

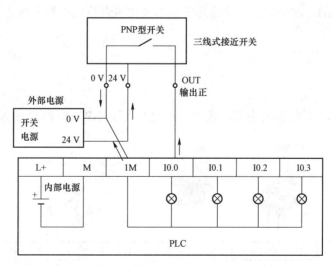

图 1-71　PNP 型传感器与 PLC 接线图

（2）NPN 型传感器（接近开关）与 PLC 接线图。

NPN 型传感器与 PLC 接线图如图 1-72 所示，电流从外部电源 24 V 正极经过 PLC 内部电路 1 M 端，从 I0.0 端流出，经过 NPN 型开关内部流出到电源负极构成回路。

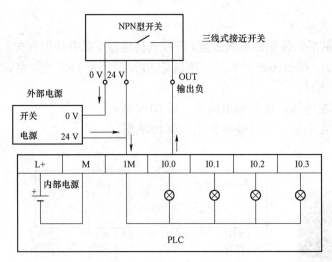

图 1-72　NPN 型传感器与 PLC 接线图

PLC 输入输出电路
结构课程思政环节

任务思政

PLC 输出模块有 3 种类型，在使用中要正确选择好输出类型，否则会造成错误。人生道路的三岔路口如图 1-73 所示，与 PLC 输出电路选择上相似，不同的选择会产生不同的结果，我们要树立正确的人生观，践行社会主义核心价值观，把握好人生的三岔路口，无论选择哪条都要慎重对待，走好人生道路关键的每一步，让自己有精彩的人生。

图 1-73　人生道路的三岔路口

课堂训练

如图 1-74 所示，请把开关电源、按钮、接近开关（PNP）与 PLC 输入端进行连接。

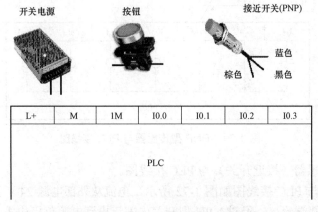

图 1-74　开关电源、按钮、接近开关与 PLC 输入端连线

任务 4　0 和 1 的故事——讲述 PLC 数据类型

学习目标

- 厘清位、字节、字、双字的含义及关系。
- 记住数字量、模拟量数据类型。
- 会进行十进制、二进制、十六进制、八进制之间的转换。

建议学时

2 课时

工作情景

　　现代生活已经进入了大数据信息时代，数据在工业上的应用是工业互联网，PLC 在工业 4.0 中的应用主要是进行数据采集，PLC 采集数据送到 MES、ERP、云端；数据在 PLC 中是比较常用的软元件，它的种类可以根据位数、用途进行划分，如 16 位数据、32 位数据。在对 PLC 进行编程时要建立变量，就要正确区别变量的数据类型，在 PLC 通信时要进行数据交换，在人机界面、显示模块、编程工具要用不同的数制直接进行数据读出/写入。

知识导图

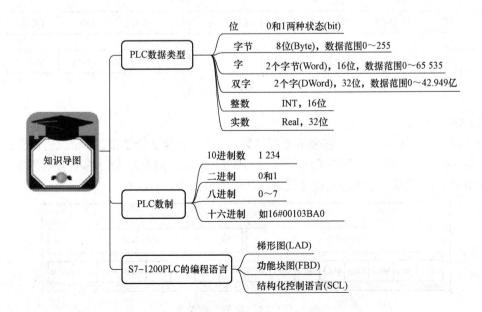

相关知识

1. PLC 数据类型

PLC 的数据类型有位、字节、字、双字。

（1）位（bit）。

"位"是存储单位，按位存放的数据，在数据类型中，被称为"布尔型"（Bool）。布尔型数据的取值为"0"和"1"，可用英文"TRUE"（真）和"FALSE"（假）表示。

"I0.0"就是一个布尔型变量，它表示输入缓冲区（Input）的第 0 个字节的第 0 位。"位"，也俗称"点"，常把输入通道称为"I 点"，把输出通道称为"Q 点"。

（2）字节（Byte）。

如图 1-75 所示，8"位"组成 1 个"字节"。

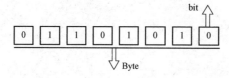

图 1-75　字节组成

S7-1200 PLC 的数据
类型与表示

Byte 类型可以作为有符号数或者无符号数。

当作为有符号数时，其取值范围为 –128～+127。

当作为无符号数时，其取值范围为 0～255。

表示方式：IB0、QB1、MB10 等，如图 1-76 所示。

IB0	I0.7	I0.6	I0.5	I0.4	I0.3	I0.2	I0.1	I0.0

QB0	Q0.7	Q0.6	Q0.5	Q0.4	Q0.3	Q0.2	Q0.1	Q0.0

MB0	M0.7	M0.6	M0.5	M0.4	M0.3	M0.2	M0.1	M0.0

图 1-76　字节表示方式

（3）字（Word）。

16"位"组成 1 个"字"，它表示无符号数。1 个字包含 2 个字节。8 位二进制组成 1 个字节，相邻两个字节组成 1 个字（16 位），如 IW0、QW0、MW0。字 MW0 分解为字节、位示意图如图 1-77 所示；当作为无符号数时，其取值范围为 0～65 535。

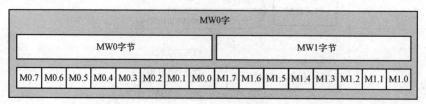

图 1-77　字、字节、位关系

（4）整数（INT）。

整数是 16 位，它表示有符号数。整数占用两个字节（Byte），属于有符号数，其取值范围为 –32 768～+32 767。整数的最高位为符号位，"0"表示正数，"1"表示负数。

（5）双字（D Word）。

相邻两个字组成一个双字（32 位），如 ID0、QD0、MD0 等，双字 MD0 分解为字、字节、位示意图如图 1-78 所示，当作为无符号数时，其取值范围为 0～4 294 967 295（42.949 亿）。

$$MD0 = MW0+MW2 =(MB0+MB1)+(MB2+MB3)$$

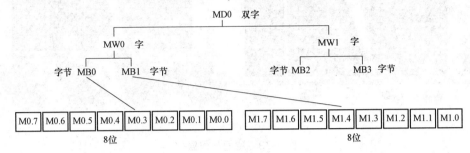

图 1-78 双字、字、字节、位关系

（6）S7-1200 PLC 数据类型。

S7-1200 PLC 数据类型：1 位布尔型（Bool），8 位字节型（Byte），16 位无符号整数（Word），16 位有符号整数（INT），32 位无符号双字整数（DWord），32 位有符号整数（Dint），32 位实数型（Real）等。数据类型范围如表 1-3 所示。注意：定时器指令的数据类型是 IEC_TIMER，定时时间数据类型是 time。

表 1-3 数据类型范围

类型	举例	位	数据范围
位	M0.0	2	0，1
字节	MB0	8	0～255
字	MW0	16	0～65 535
双字	MD0	32	0～4 294 967 295（42.949 672 95 亿）

各种存储器的位、字节、字、双字范围如表 1-4 所示。

表 1-4 各种存储器的位、字节、字、双字范围

存储器类型	地址	位	字节	字	双字	范围
数字量输入	I	I0.0	IB	IW	ID	I0.0～I15.7
数字量输出	Q	Q0.0	QB	QW	QD	Q0.0～Q15.7
模拟量输入	AI	—	—	AIW	—	AIW0～AIW63
模拟量输出	AQ	—	—	AQW	—	AQW0～AQW63
内部寄存器	M	M0.0	MB	MW	MD	MB0～MB31

当把一个数据保存在计算机中时，要考虑存放空间的大小和格式，学习数据类型是为了把数据装到适当空间；空间太大会造成空间浪费，如图 1-79（a）所示；空间太小放不下数据，如图 1-79（b）所示。

图 1-79　空间与数据

(a) 空间大；(b) 空间小

问题讨论：有一块电表，用通信方式采集某车间累计消耗的电能（设功率为 75 kW 的用电设备 10 台，采集 1 年），采集的数据要存放在一个区域中，有以下几个区域，请讨论数据放在哪个区域比较合适？（注意不同数据类型的范围）

M0.0，MB0，MW0，MD0。

注意：

① M0.0、MB0、MW0 和 MD0 等地址有重叠现象，在使用时一定注意，以免引起错误。

② S7-1200 PLC 中的"高地址，低字节"的规律，如果将 16#12 送入 MB20，将 16#34 送入 MB21，则 MW20=16#1234，如图 1-80 所示。

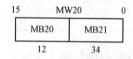

图 1-80　高低字节排列

2. PLC 数制

PLC 指令中常会使用常数。常数的数据类型可以是字节、字和双字。CPU 以二进制的形式存储常数，PLC 中常用的数制有十进制、二进制、十六进制、八进制等，其相互之间的关系如表 1-5 所示，此外还有 BCD 码和 ASCII 码也偶尔会使用。

十进制常数：1 234。

十六进制常数：16#3AC6。

二进制常数：2#0001 0010 0011 0100。

实数：0.5、5.4、3.0。

表 1-5 数制之间的转换表

十进制	八进制	十六进制	二进制
0	0	0	0000
1	1	1	0001
2	2	2	0010
3	3	3	0011
4	4	4	0100
5	5	5	0101
6	6	6	0110
7	7	7	0111
8	10	8	1000
9	11	9	1001
10	12	A	1010
11	13	B	1011
12	14	C	1100
13	15	D	1101
14	16	E	1110
15	17	F	1111

浮点数（实数）与整数：32 位的浮点数（有小数点）又称为实数（Real）。浮点数的优点是用很小的存储空间（4 B）表示非常大和非常小的数。

PLC 输入和输出的数值大多是整数，例如模拟量输入和输出值，用浮点数来处理这些数据需要进行整数和浮点数之间的转换，浮点数的运算速度比整数的运算速度慢一些。

在编程软件中，用十进制小数表示浮点数，例如 50 是整数，50.0 为浮点数。

3. S7-1200 PLC 的编程语言

国际电工委员会（IEC）是为电子技术领域制定全球标准的国际组织，IEC 61131 是 PLC 的国际标准，其中第三部分 IEC 61131-3 是 PLC 的编程语言标准。

PLC 有 5 种编程语言，如图 1-81 所示，S7-1200 PLC 只有梯形图（LAD）、功能块图（FBD）和结构化控制语言（SCL）这 3 种编程语言。

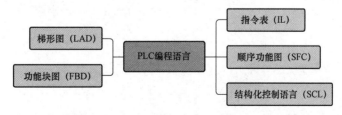

图 1-81 PLC 编程语言

位存储单元的地址由字节地址和位地址组成，如 I0.2，其中的区域标识符"I"表示输入（Input），字节地址为 0，位地址为 2，如图 1-82 所示，这种存取方式称为"字节.位"寻址方式。其他有 Q0.0、M10.3 等。

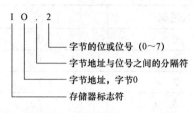

I 0 . 2
— 字节的位或位号（0~7）
— 字节地址与位号之间的分隔符
— 字节地址，字节 0
— 存储器标志符

图 1-82 "字节.位"寻址方式

任务思政

　　PLC 内部电路 CPU 控制运算只认 0 和 1 两个数字，这两个数中蕴含的哲理是无穷的、耐人寻味的，0 象征无，1 象征包含了存在的万物。从哲学角度看，万物产生于无，通俗的说法是"无中生有"，其实这就是 1 和 0 的事。做一件事，它的意义是 1，后边的 0 越多，意义越大；反之，没有了 1，后面的 0 再多也没有意义。同学们在做任何事情时都要把握好方向，选择很重要，方向对了，一切努力都有结果；方向不对，一切努力都是枉然。

　　中华传统文化 5 000 多年的历史，创造了很多与数学有关的成语，如"屈指可数"是十进制，"掐指一算"是六进制，"半斤八两"是十六进制等。感受"古人的智慧"，增强国家认同感，坚定中国自信，树立行业自信。

项目 2　编程神器——TIA 博途软件安装与使用

任务 5　编程神器——TIA 博途软件简介、安装及使用

学习目标

- 知晓安装 TIA 博途软件的条件。
- 能正确安装 TIA 博途软件。
- 熟悉 TIA 博途软件操作界面。

建议学时

2 课时

工作情景

如今，数字制造、工业 4.0、工业互联网等新概念层出不穷，西门子的全集成自动化（TIA）博途为 PLC 控制器、HMI 和驱动器（变频器、伺服器）等提供了标准的工程理念，可分享统一的数据存储和一致的操作方式，例如，在配置、通信和诊断期间的操作；并针对所有自动化对象提供强大的库功能。TIA 博途中简易的工程实现方式，有助于完整的数字自动化，如数字化规划、集成化工程和透明化操作等。TIA 博途与制造执行系统（MES）软件一起构成了西门子完整的"数字化企业软件套件"（如图 2-1 所示），为企业迈向"工业 4.0"奠定基础。

西门子的数字化双胞胎：基于模型的虚拟企业和基于自动化技术的现实企业——西门子形象地称之为"数字化双胞胎"（Digital Twins）。

使用 TIA 博途中的 S7-1500 高级仿真器（PLCSIM Advanced）——控制器的数字化双胞胎，可实现与生产过程仿真软件进行实时的数据交换，从而不需要借助任何的实体设备，通过虚拟环境就可以对设备或产线进行虚拟调试，可显著减少现场调试时间，并减少样机重复开发成本。

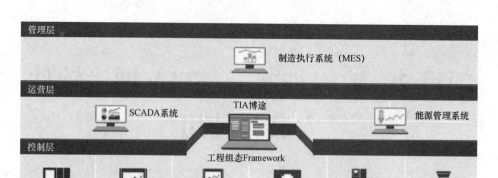

图 2-1　西门子数字化企业软件套件

知识导图

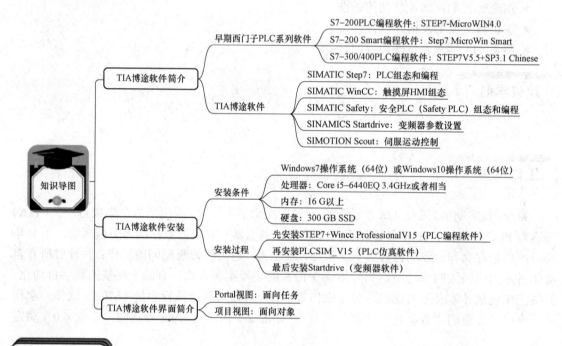

相关知识

1. TIA 博途软件简介

SIMATIC 是西门子自动化系列产品品牌统称，来源于"SIEMENS + Automatic"（西门子+自动化），随着西门子公司产品改朝换代，西门子 PLC 编程软件也不断发展，如图 2-2 所示。

（1）早期西门子 PLC 系列软件。

1）西门子 S7-200 PLC 编程软件：STEP7-MicroWIN 4.0。

2）西门子 S7-200 Smart 编程软件：Step7 MicroWin Smart。

3）西门子 S7-300/400 PLC 编程软件：STEP 7 V5.5+SP3.1 Chinese。

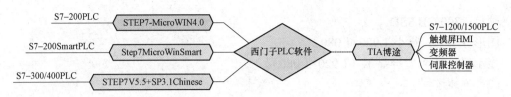

图 2-2　西门子 PLC 编程软件

（2）TIA 博途软件。

TIA 博途（Totally Integrated Automation Portal），即全集成自动化系统，将 PLC 技术全部融于自动化领域，是西门子新一代全集成工业自动化的工程技术软件，可以用来对 PLC、HMI、变频器和伺服控制器进行组态、编程和调试。

TIA：全集成自动化。

Portal：入口、开始。

目前为止，TIA 博途有 V11、V12、V13、V14、V15、V16 等版本，包含 PLC、HMI 和驱动器的编程软件。

TIA 博途是一个解决所有自动化任务的工程软件平台，可以将整套自动化控制系统集成在一起进行操作和控制，极大提高了工程效率，降低了维护成本。

如图 2-3 所示，TIA 博途包含了如下软件系统。

1）SIMATIC Step7：用于控制器（PLC）与分布式设备的组态和编程。

2）SIMATIC WinCC：用于 HMI 的组态。

3）SIMATIC Safety：用于安全控制器（Safety PLC）的组态和编程。

4）SINAMICS Startdrive：用于驱动设备的组态与配置。

5）SIMOTION Scout：用于运动控制的配置、编程与调试。

编程神器——博图
软件简介、安装
及使用

PLC
SIMATIC Step7

HMI
SIMATIC WinCC

变频器
SINAMIC Startdrive

安全PLC
SIMATIC Safety

伺服控制器
SIMOTION Scout

图 2-3　TIA 博途软件系统

TIA 博途有基本版和专业版。

STEP7 Basic（基本版）：组态 S7-1200 PLC、S7-300/S7-400 PLC。

STEP7 Professional（专业版）：组态 S7-1200 PLC、S7-1500 PLC、S7-300/400 PLC、软件控制器（WinAC）等。

2. 安装博途软件 TIA Portal V15

（1）安装条件。

安装 TIA Portal V15 的计算机必须至少满足以下条件。

处理器：CoreTM i5-3320M 3.3 GHz 或者相当。

内存：16 GB 以上。

硬盘：300 GB SSD。

图形分辨率：最小 1 920×1 080。

显示器：21 寸宽屏显示（1 920×1 080）。

（2）安装过程

TIA 博途软件安装包包括：STEP7+Wincc Professional V15、PLCSIM_V15、Startdrive。

安装顺序：先安装 STEP7+Wincc Professional V15（PLC 编程软件），再安装 PLCSIM_V15（PLC 仿真软件），最后安装 Startdrive（变频器软件）。

注意事项如下。

★ 文件的存放路径不能用中文名字，所有的路径都不能有中文字符。软件必须安装在 C 盘。

★ 操作系统要求原版操作系统，不能是 GHOST 版本，也不能是优化后的版本，如果不是原版操作系统，有可能会在安装中报故障。如果系统以前安装过旧版本的软件，请重装系统后再安装。

★ 安装时不能运行杀毒软件、防火墙软件、防木马软件、优化软件等，只要不是系统自带的软件都请退出。

★ 安装完后请按要求重启计算机，计算机启动后，不要先运行软件，先安装授权，完成后重启计算机，最后计算机启动完成后就可以运行 TIA 博途软件。

1）安装 PLC 编程软件。

安装顺序如图 2-4 所示。

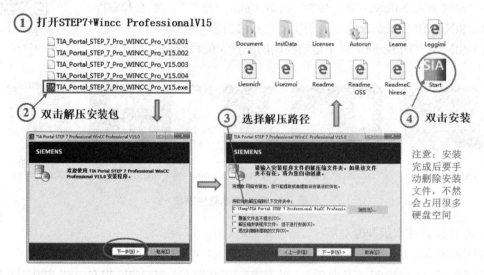

图 2-4 安装顺序

① 打开 STEP7+Wincc ProfessionalV15。

② 双击解压安装包。

③ 选择解压路径。

④ 双击启动安装。

如果在解压完成后，出现重启计算机对话框，选择"重启"启动后，计算机自动进行安装，如果还会弹出重启提示，那么需要修改注册表，同时按〈Windows+R〉键，出现搜索栏，输入"regedit"打开注册表编辑器，在"计算机"

\HKEY_LOCAL_MACHINE\SYSTEM\CurrentControlSet\Control\Session Manager 下找到 PendingFileRenameOperations 这个键值并将其删除，如图 2-5 所示。

正式安装：双击 SIMATIC_STEP_7_Professional_V15.exe，然后一直单击"下一步"，直到安装完毕。

图 2-5　修改注册表路径

2）安装 PLCSIM_V15 仿真软件。

如图 2-6 所示，安装步骤与前面类似。

① 打开 PLCSIM_V15。

② 双击解压安装包。

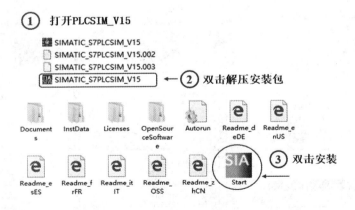

图 2-6　安装 PLCSIM_V15 仿真软件

③ 双击 Start 运行安装程序。

然后一直单击"下一步"，直到安装完毕。

3）安装变频器编程软件 Startdrive。

如图 2-7 所示，安装步骤与前面类似。

① 打开 Startdrive。

② 双击解压安装包 Startdrive_V15。

③ 双击 Start 运行安装程序。

然后一直单击"下一步"，直到安装完毕。

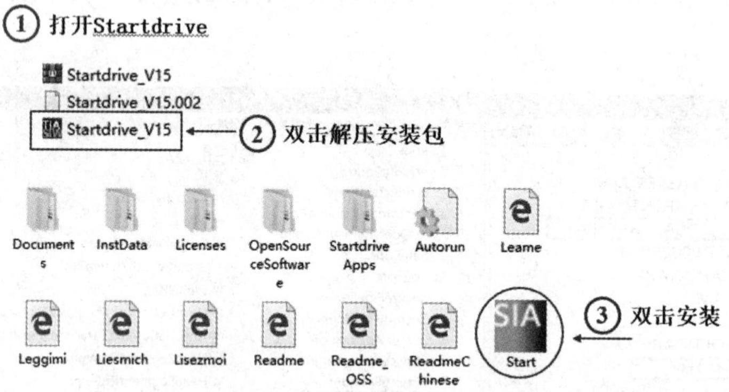

图 2-7　安装变频器编程软件 Startdrive

4）安装 PLC 软件授权。

接下来安装上述已安装软件的密钥，否则上述软件只能获得短期的试用，如图 2-8 所示。

① 打开许可证密钥文件夹 Sim_EKB_Install_2017_12_24_TIA15。

② 双击打开应用程序。

③ 选中弹出窗口左侧 TIA Portal 文件夹下的 TIA Portal v15（2017）。

④ 选择"短名称"。

⑤ 安装长密钥。

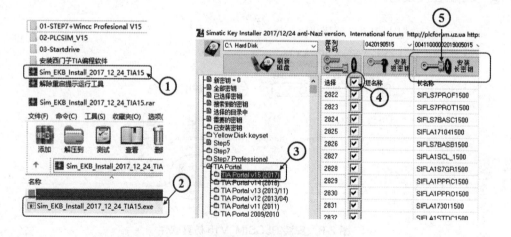

图 2-8　安装 PLC 软件授权

若计算机上部分已安装了密钥，双击桌面上的图标，打开自动化许可证管理器，如图 2-9 所示，双击窗口左边的 C 盘，在窗口右边可以看到自动安装的没有时间限制的许可证。

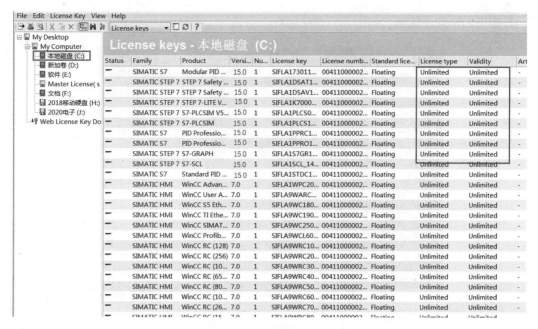

图 2-9　无时间限制的许可证

3. TIA 博途软件界面简介

如图 2-10 所示，TIA 博途软件提供了两个视图，一个是面向任务的 Portal 视图，另一个是面向对象的项目视图，可以单击 ▶ 项目视图 或 ◀ Portal 视图 在两种视图间进行切换。

STEP7 Professional提供了两种视图

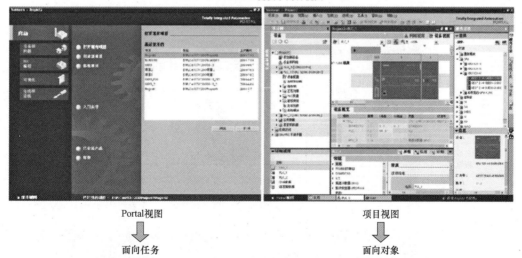

Portal视图　　　　　　　　　　　项目视图
⬇　　　　　　　　　　　　⬇
面向任务　　　　　　　　　　面向对象

图 2-10　TIA 博途软件两个视图

（1）Portal 视图。

Portal 视图可以概览自动化项目的所有任务，快速确定要执行的操作或任务，有些情况下该界面会针对所选任务自动切换为项目视图。当双击 TIA 博途图标后，可以打开 Portal 视图界面，界面中包括如下区域，如图 2-11 所示。

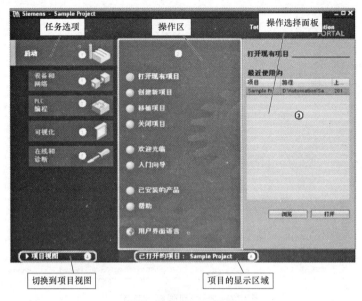

图 2-11　Portal 视图

（2）项目视图。

项目视图是项目所有组件的结构化视图，将整个项目（包括 PLC 和 HMI 等）按多层结构显示在项目树中，如图 2-12 所示。

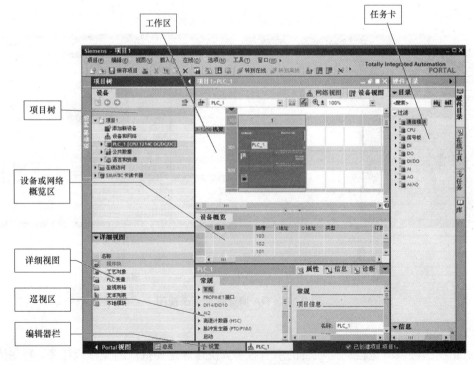

图 2-12　项目视图

问题讨论 1：谈一谈西门子 PLC 系列软件都有那些？

问题讨论 2：你认为 TIA 博途软件能做什么？

问题讨论 3：安装 TIA 博途软件的计算机需要满足什么条件？

任务思政

　　西门子 TIA 博途软件集合了 PLC 组态和编程、HMI 组态、变频器组态和设置、伺服控制器变频器组态和设置、安全 PLC 组态和编程等功能，把所有的自动化产品都集成到一个统一的平台来管理，突显了其强大的功能；正如我国 56 个民族团结一致。中华大一统文化是中华民族传统思想文化的精髓，特别是在共产党的统一领导下，56 个民族拧成一股绳，形成了民族大团结的精神力量，在建立新中国和建设中国特色社会主义中，形成了强大的民族凝聚力。"中国速度""中国效率""中国模式"书写了"中国奇迹"，特别是在抗击新冠肺炎疫情中，全国各族人民万众一心、众志成城，取得了抗击新冠肺炎疫情斗争重大战略成果。

项目 3　小试牛刀——PLC 基本指令应用

任务 6　手把手教——S7-1200 PLC 控制运输
物料传送带（基本逻辑指令）

学习目标

- 理解与逻辑、或逻辑、线圈位操作指令。
  能用 TIA 博途软件编辑梯形图。
- 会画 I/O 接线图。
- 能安装 PLC 控制线路及调试程序。

建议学时

4 课时

工作情景

　　某车间有一条运输物料的传送带，由 1 台三相异步电动机控制，其运动示意图如图 3-1 所示，现因技术升级，要求用 PLC 进行技术改造，你作为公司的技术人员，请根据相关技术

图 3-1　运输物料的传送带

文档完成设备的安装、编程、调试，实现设备自动运行。

知识导图

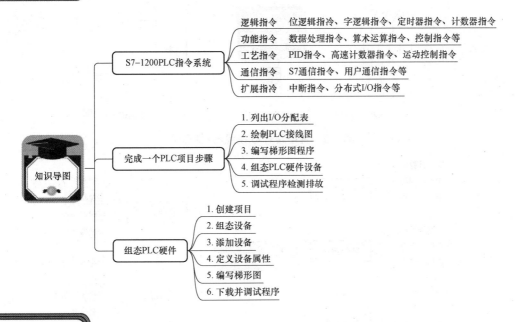

	逻辑指令	位逻辑指冷、字逻辑指令、定时器指令、计数器指令
S7-1200PLC指令系统	功能指令	数据处理指令、算术运算指令、控制指令等
	工艺指令	PID指令、高速计数器指令、运动控制指令
	通信指令	S7通信指令、用户通信指令等
	扩展指冷	中断指令、分布式I/O指令等

完成一个PLC项目步骤
1. 列出I/O分配表
2. 绘制PLC接线图
3. 编写梯形图程序
4. 组态PLC硬件设备
5. 调试程序检测排故

组态PLC硬件
1. 创建项目
2. 组态设备
3. 添加设备
4. 定义设备属性
5. 编写梯形图
6. 下载并调试程序

相关知识

运输物料的传送带运动就是控制电动机启停，电动机启停控制线路如图 3-2 所示，要用 PLC 进行技术升级改造，方法是保留主电路+PLC 的 I/O 接线图+梯形图程序，如图 3-3 所示。

实现 PLC 控制电动机启停的主要方法是用指令编写梯形图。

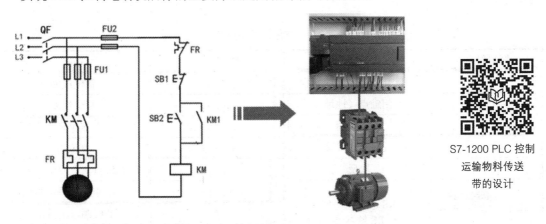

S7-1200 PLC 控制
运输物料传送
带的设计

图 3-2　PLC 进行技术升级改造

S7-1200 PLC 的指令系统包含逻辑指令、功能指令、工艺指令、通信指令、扩展指令等，常用的指令是逻辑指令、功能指令、工艺指令。其中位逻辑指令、字逻辑指令、定时器指令、计数器指令是最基本的指令，如图 3-4 所示。

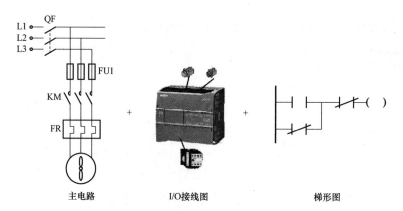

图 3-3　主电路+I/O 接线图+梯形图

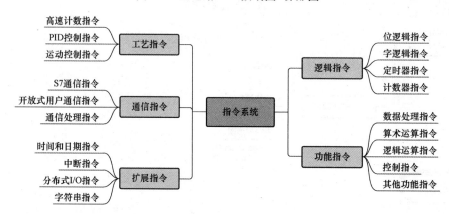

图 3-4　S7-1200 PLC 的指令系统

　　位逻辑指令有很多，其中常用的位逻辑指令如表 3-1 所示，圈中指令是编程时比较常用的指令。

表 3-1　常用的位逻辑指令

图形符号	功能	图形符号	功能
─┤├─	常开触点（地址）	─（S）─	置位线圈
─┤/├─	常闭触点（地址）	─（R）─	复位线圈
─（）─	输出线圈	─（SET_BF）─	置位域
─（/）─	反向输出线圈	─（RESET_BF）─	复位域
─┤NOT├─	取反	─┤P├─	P 触点，上升沿检测
RS —R　　Q …—S1	RS 置位优先型 RS 触发器	─┤N├─	N 触点，下降沿检测
		─（P）─	P 线圈，上升沿
		─（N）─	N 线圈，下降沿
SR —S　　Q …—R1	SR 复位优先型 SR 触发器	P_TRIG —CLK　　Q	P_TRIG，上升沿
		N_TRIG —CLK　　Q	N_TRIG，下降沿

梯形图是用得最多的 PLC 图形编程语言，由触点和线圈组成，如图 3-5 所示。

图 3-5　触点和线圈

（1）触点状态。

输入信号通，对应的存储器（I0.0）为 1，常开触点闭合，常闭触点断开。

输入信号断，对应的存储器（I0.0）为 0，常开触点断开，常闭触点闭合。

（2）线圈状态。

线圈前的回路接通，线圈得电，对应存储器 Q0.0=1，接通对应的输出信号。

线圈前的回路断开，线圈断电，对应存储器 Q0.0=0，断开对应的输出信号。

PLC 编程就是要把这些逻辑开关，根据要求串联或并联成控制电路，接通或断开输出点。

问题讨论：一个用按钮控制信号灯的 PLC 等效结构图如图 3-6 所示，请你描述 PLC 的动作原理。

_____

_____

_____

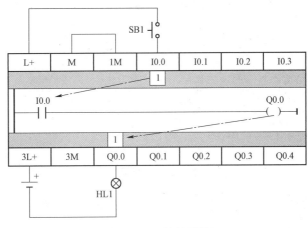

图 3-6　PLC 等效结构图

任务实施

1. 列出 I/O 分配表

PLC 的 I/O 分配表如表 3-2 所示。

2. 绘制 PLC 接线图

这里选用的 PLC 的 CPU 是 1215C DC/DC/DC，其 I/O 接线图如图 3-7 所示。

表 3-2　PLC 的 I/O 分配表

输入		输出	
启动按钮 SB1	I0.0	直流继电器 KA	Q0.0
停止按钮 SB2	I0.1		
过载 FR	I0.2		

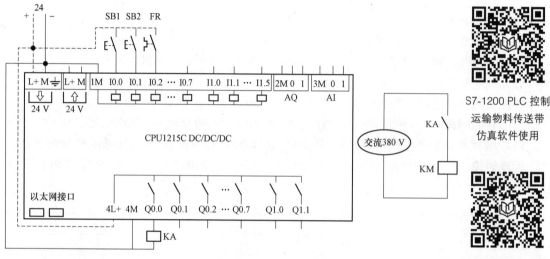

图 3-7　PLC 的 I/O 接线图

S7-1200 PLC 控制
运输物料传送带
仿真软件使用

S7-1200 PLC 控制
运输物料传送带
任务实施

3. 编写梯形图

编写的梯形图如图 3-8 所示。

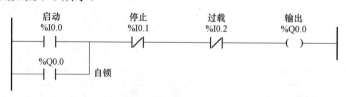

图 3-8　梯形图

问题讨论 1：在上面的 I/O 接线图中，如果停止按钮采用常闭触点，I/O 接线图如图 3-9 所示，请画出梯形图。

问题讨论 2：在图 3-10 所示的 I/O 接线图中，如果热继电器用常闭触点作为 PLC 的输入，请画出梯形图。

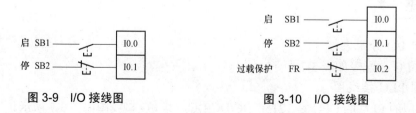

图 3-9　I/O 接线图　　　　　　　图 3-10　I/O 接线图

4. 打开 TIA 博途软件组态 PLC 硬件

双击 图标，打开 TIA 博途软件。

（1）创建项目。

项目名称为"PLC 控制电动机启动与停止"，如图 3-11 所示。

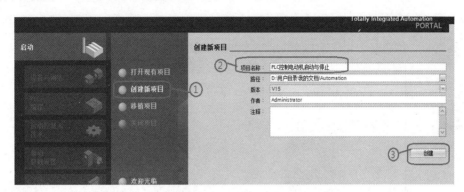

图 3-11 创建项目

（2）选择"新手上路"，双击"组态设备"，如图 3-12 所示。

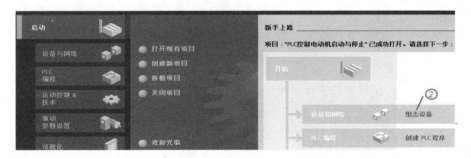

图 3-12 组态设备

（3）添加设备，如图 3-13 所示。

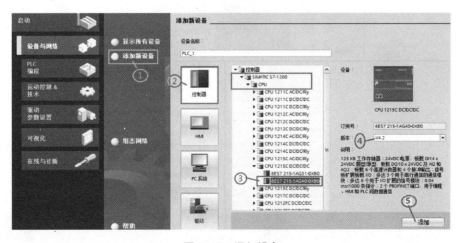

图 3-13 添加设备

添加的 PLC 型号、订货号、版本号必须与实际的 PLC 一致。

（4）切换到项目视图，如图 3-14 所示。

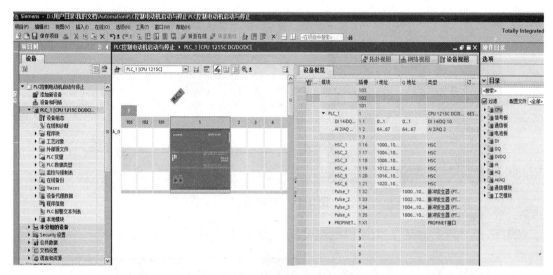

图 3-14　项目视图

5. 定义设备属性

选中 CPU 右击，在打开的快捷菜单中选择"属性"，如图 3-15 所示。

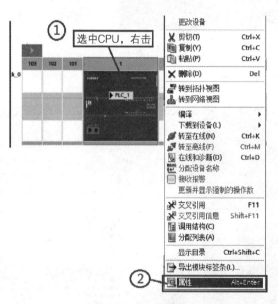

图 3-15　CPU 属性

"常规"项描述 CPU 的基本情况，如图 3-16 所示。

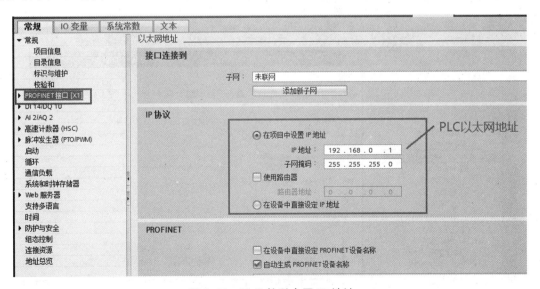

图 3-16　CPU 基本情况

设置 PLC 的以太网 IP 地址，IP 地址 192.168.0.1 前 3 位必须与计算机 IP 地址前 3 位一致，如图 3-17 所示。

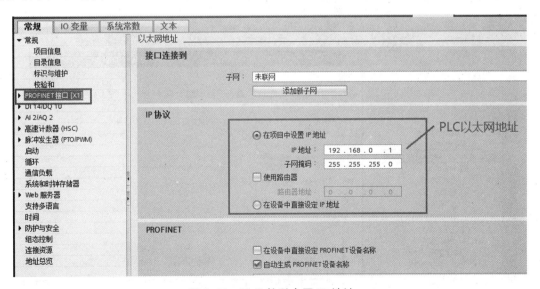

图 3-17　PLC 的以太网 IP 地址

6. 在程序块的 OB1 中编写梯形图

根据图 3-18 所示，操作编写梯形图。

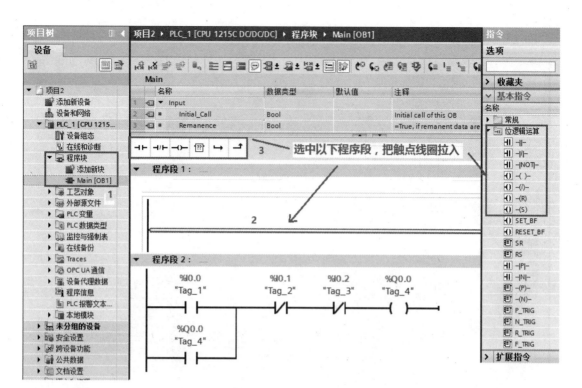

图 3-18　编写梯形图

7. 下载程序并调试

（1）根据图 3-19 所示步骤，把程序下载到 PLC 中。

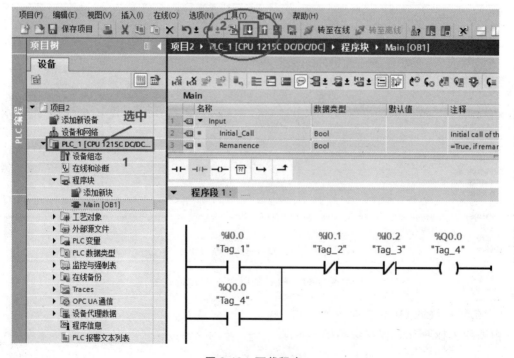

图 3-19　下载程序

（2）如图 3-20 所示，选择 PLC 和计算机的接口类型。

PG/PC 接口的类型：选择 PLC 接口。

PG/PC 接口：选择计算机网卡接口。

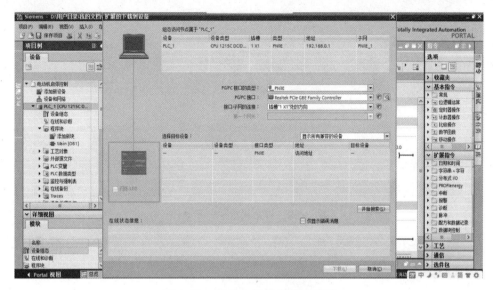

图 3-20　PLC 和计算机接口类型

（3）搜索 PLC 地址，找到设备后，下载程序，如图 3-21 所示。

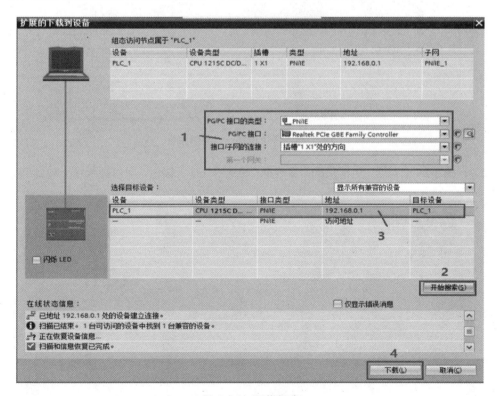

图 3-21　下载程序

（4）在停止模块中选择"无动作"时如图 3-22 所示；在停止模块中，选择"全部停止"时如图 3-23 所示。

图 3-22　停止模块——无动作

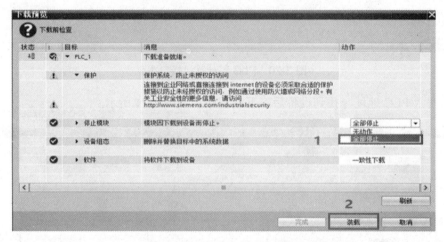

图 3-23　停止模块——全部停止

（5）在图 3-24 中勾选"全部启动"复选框，单击"完成"按钮，即可把程序下载到 PLC 中。

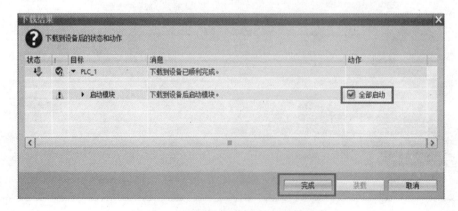

图 3-24　下载到 PLC 后的状态和动作

如何修改 PLC 的地址？

选中 CPU 右击，选择"属性"/"常规"/"以太网地址"，把原来地址"192.168.0.20"改为"192.168.0.1"，如图 3-25 所示。

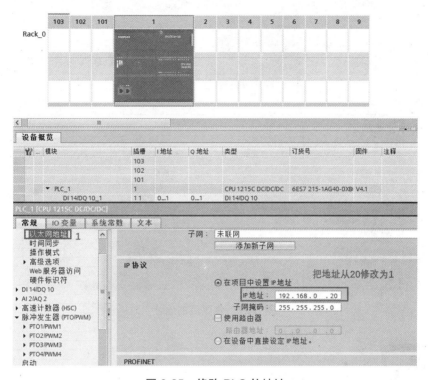

图 3-25　修改 PLC 的地址

选中 PLC，单击"下载到设备"图标，单击"开始搜索"按钮，选中原来地址，再单击"下载"按钮，如图 3-26 所示。

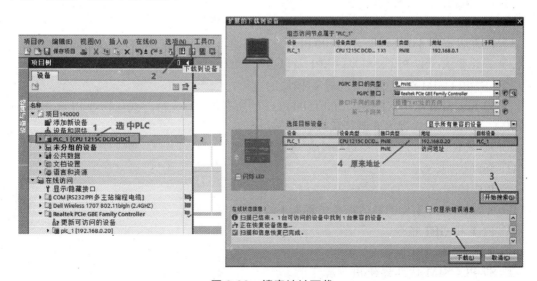

图 3-26　搜索地址下载

修改后的地址可在"常规"/"以太网地址"中找到，已修改为 192.168.0.1，如图 3-27 所示。

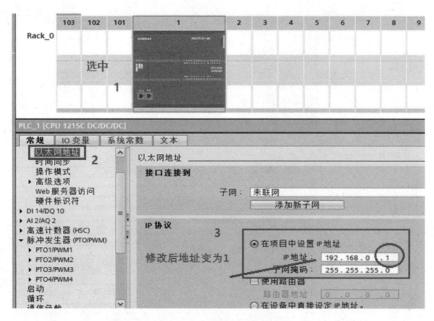

图 3-27 修改后的地址

知识拓展

1. S7-1200/1500 PLC 的仿真功能使用

利用仿真软件可以在没有 PLC 硬件的情况下，快速地熟悉 PLC 指令和软件操作，PLCSIM 软件可以仿真 PLC 大部分的功能。

（1）S7-1200 PLC 仿真功能（S7-PLCSIM）有如下硬件和软件要求。

1）固件版本为 4.0 及以上 S7-1200 PLC 才能仿真，S7-1500 PLC 对此没有限制。

2）软件要求：S7-PLCSIM V13 SP1 及以上。

（2）S7-PLCSIM 对指令及工艺对象/模块的支持。

1）S7-PLCSIM 几乎支持 S7-1200/1500 PLC 的所有指令，支持方式与物理 PLC 相同，S7-PLCSIM 将不支持的块视为非运行状态。

2）S7-PLCSIM 目前不支持以下工艺对象仿真。

① 运动控制。

② PID 控制。

3）S7-PLCSIM 支持的通信指令仿真如下。

① PUT 和 GET 指令。

② TSEND 和 TRCV 指令。

2. S7-PLCSIM 仿真器使用步骤

（1）单击 TIA 博途软件编程组态画面的"仿真器"图标，启动仿真器，如图 3-28 所示。

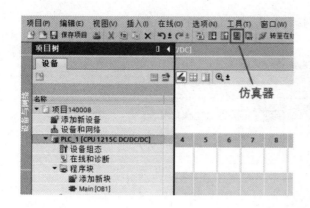

图 3-28 启动仿真器

（2）把要仿真的项目下载到仿真器中，如图 3-29 所示。

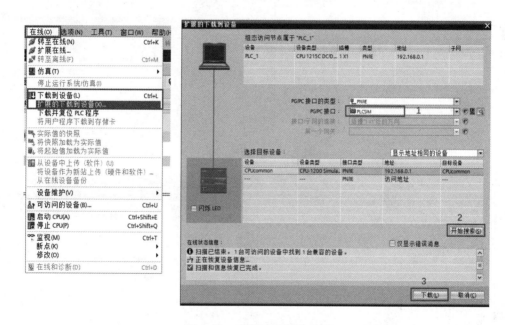

图 3-29 项目下载到仿真器

项目下载成功后，在 TIA 博途软件中就可以进行仿真了，单击对应图标，切换到项目视图，如图 3-30 所示。在仿真的项目视图中，新建项目，双击出现的"SIM 表格_1"，在地址中写入要监控的"输入量 I0.0 和输出量 Q0.0"，默认对输入 I 值可修改，对 M 与 Q 值是不能修改的，如要改变 M 的值，单击工具栏的"启动/禁用非输入修改"按钮，便可启动非输入量的修改，如图 3-31 所示。

如要仿真 PLC 控制电动机启停，如图 3-32 所示，表示启动电动机，电动机输出为导通状态；如图 3-33 所示，表示停止电动机，电动机输出为断开状态。注意在

图 3-30 切换到项目视图

65

监视之前要确认仿真软件是否在 RUN 运行状态并且是绿灯。

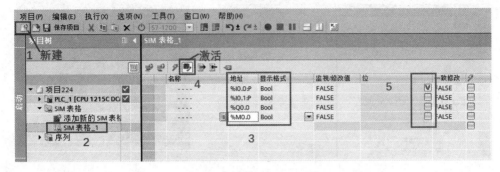

图 3-31　仿真的项目视图

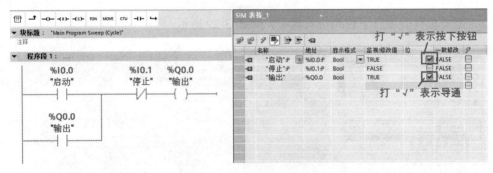

图 3-32　启动电动机

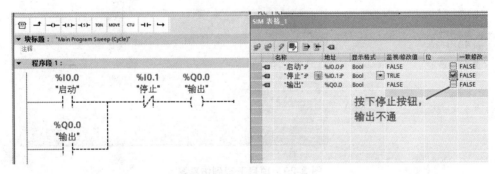

图 3-33　停止电动机

任务 7　放开手做——S7-1200 PLC 控制电动伸缩门
（置位复位指令，上升下降沿指令）

学习目标

- 理解置位复位、上升下降沿指令。
- 能用置位复位、上升下降沿指令设计梯形图。
- 会画正反转 PLC I/O 接线图。

● 能安装 PLC 控制线路及调试程序。

建议学时

4 课时

工作情景

　　某单位大门的伸缩门示意图如图 3-34（a）所示，用一台三相异步电动机控制，其电气控制线路如图 3-38（b）所示，现因技术升级，要求进行 PLC 控制线路的改造，该任务交给技术组完成。你作为公司的技术人员，请根据相关技术文档完成设备的安装、编程、调试，实现设备自动运行。

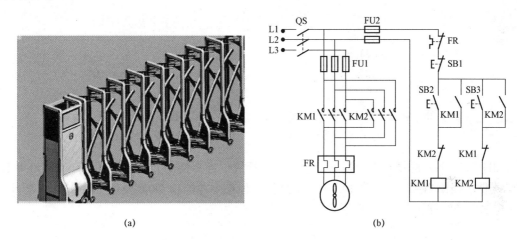

(a)　　　　　　　　　　　　　　　　　　(b)

图 3-34　伸缩门示意图

（a）示意图；（b）电气控制线路

知识导图

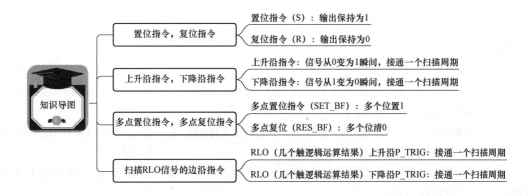

S7-1200 PLC 控制
电动机正反转的设计

相关知识

1. 置位指令、复位指令

置位指令如图 3-35 所示，"bit" 是 BOOL 变量。

指令被激活时，"bit" 处数据被设置为 1 或 0；指令未激活时，"bit" 处数据不变。

（1）置位指令 S（SET）。

在程序中置位指令如图 3-36（a）所示，问号地方是位，一般为 Q 存储器位或 M 存储器位。

（2）复位指令 R（RET）。

在程序中复位指令如图 3-36（b）所示，问号地方是位，一般为 Q 存储器位或 M 存储器位。

置位（SET）　——（S）——　<bit>

复位（RESET）　——（R）——　<bit>

<??.?>　——（S）——　<??.?>　——（R）——

（a）　（b）

图 3-35　置位、复位指令　　图 3-36　程序中置位、复位指令

（a）置位指令；（b）复位指令

如图 3-37 所示的梯形图，当 I0.0 接通，执行置位指令使 Q0.0 置位并保持（即 Q0.0=1 接通），类似于线圈自锁。只有当 I0.1 接通，执行复位指令才能使 Q0.0 复位（即 Q0.0=0 断开），输入与输出的时序图如图 3-38 所示。

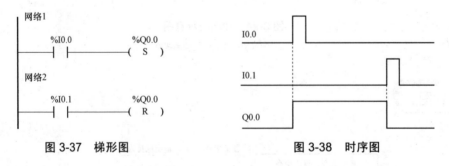

图 3-37　梯形图　　　　　　图 3-38　时序图

双线圈冲突问题

在同一个编写程序中，当程序中存在两个或两个以上相同名字的线圈时（同一扫描周期内），程序后面的线圈执行结果会覆盖前面的执行结果，这叫双线圈冲突；程序是以最终执行结果作为物理输出的。

如图 3-39 所示的梯形图中，按 I0.0 时，Q0.0 是没有输出的；如按 I0.2，Q0.0 有输出。扫描时程序是以最终执行结果作为物理输出的。

解决双线圈冲突问题，可以使用中间继电器 M 做转换，如图 3-40 所示；M 只有 PLC 内部寄存器，没有物理输出。

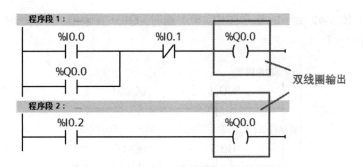

图 3-39　梯形图

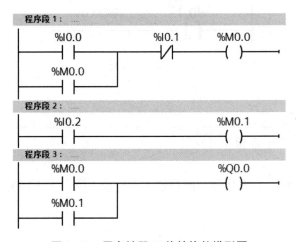

图 3-40　用存储器 M 位转换的梯形图

问题讨论 1：图 3-41 的梯形图置位复位指令都是用 Q0.0，是双线圈输出吗？为什么？

_____

_____

问题讨论 2：请说清楚图 3-41 所示的两个程序段的异同点。

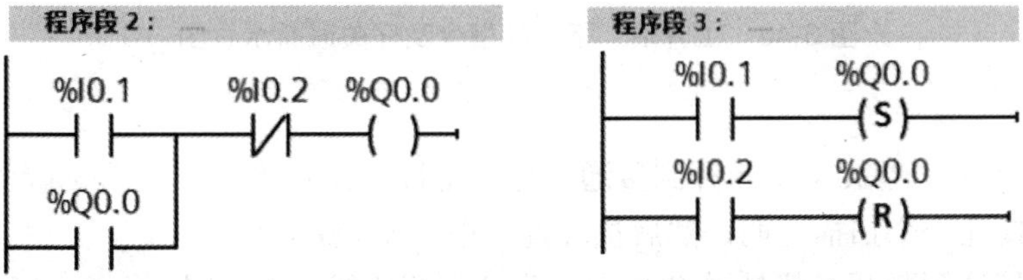

图 3-41　两个程序段

_____

_____

_____

问题讨论 3：图 3-42 所示的梯形图中，I0.1 通时，Q0.0 有输出；I0.2 通时，Q0.0 有输出，但不能保持，为什么？

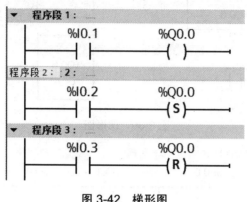

图 3-42　梯形图

2. 上升沿指令、下降沿指令

（1）上升沿指令。

如图 3-43（a）所示，上方问号一般是输入存储器 I 位，下方问号一般用中间存储器 M 位。

（2）下降沿指令。

如图 3-43（b）所示，上方问号一般是输入存储器 I 位，下方问号一般用中间存储器 M 位。图 3-43（c）是上升沿、下降沿与开关通断的模拟。

图 3-43　上升沿、下降沿指令及开关通断示意图

（a）上升沿指令；（b）下降沿指令；（c）通断示意图

如图 3-44 所示，当 I0.1 从断开到接通（也就是说 I0.1 由 0 变 1 上升沿瞬间），上升沿指令使得 M10.1 接通一个扫描周期，然后执行置位指令使 Q0.0 置位。

当 I0.2 从接通到断开（就是说 I0.2 由 1 变 0 下降沿瞬间），下降沿指令使得 M10.2 接通一个扫描周期，然后执行复位指令使 Q0.0 复位。

程序中 M0.1 是保存 I0.1 上个扫描周期的值，以便在这个扫描周期与 I0.1 进行比较，判断是否产生上升沿。同理，M0.2 是保存 I0.2 上个扫描周期的值，以便在这个扫描周期与 I0.2 进行比较，判断是否产生下降沿。

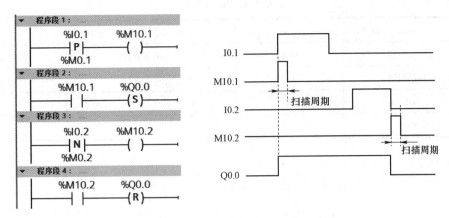

图 3-44 梯形图及时序图

【案例】如图 3-45 所示的梯形图，现在要想实现一个加法运算，要求每按下一次按钮时，对 MW10 里面的数加 1，把该按钮接到 I0.1 上。如果程序中不在 I0.1 的触点后串一个|P|指令（上升沿指令），则当按钮按下时，PLC 会在每个扫描周期都对 MW10 里面的数加 1，就是说如果按钮一次按下的时间有 3 个扫描周期，那 MW10 里面的数就加 3；如果用了|P|指令，不管按钮按下多少时间，都能保证按钮每次按下时，MW12 里面的内容只加 1。

故上升沿和下降沿指令应用于让对应的信号只通一次的情形。

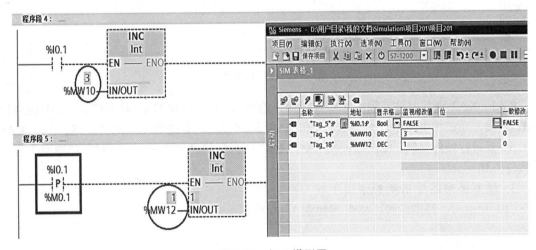

图 3-45 加 1 梯形图

任务实施

1. 列 I/O 分配表

I/O 分配表如表 3-3 所示。

表 3-3　I/O 分配表

输入		输出	
正向启动 SB2	I0.0	正向 KA1	Q0.0
反向启动 SB3	I0.1	反向 KA2	Q0.1
停止 SB1	I0.2		
过载 FR	I0.3		

2. 绘制 PLC 的 I/O 接线图

PLC 电动机正反转的 I/O 接线图如图 3-46 所示。

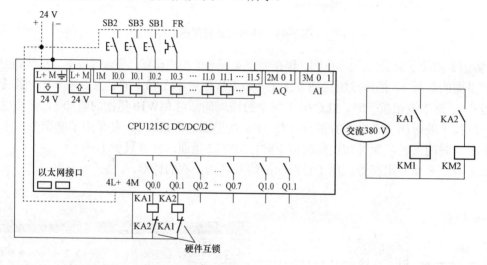

图 3-46　I/O 接线图

KA1、KA2 进行硬件互锁的必要性：由于通过 KA1 触点和 KA2 触点控制 KM1 线圈和 KM2 线圈，而在主电路中，如果 KM1 和 KM2 同时接通，会造成主电路的短路，因此 KA1 和 KA2 要进行硬件互锁，保证每一次 KM1 或 KM2 只能接通其中一个；同时在梯形图中要进行软件互锁。

3. 编写梯形图（用两种方法）

（1）用触点、线圈编程，梯形图如图 3-47 所示。

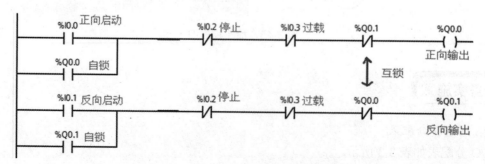

图 3-47　用触点、线圈编程梯形图

（2）用置位、复位指令编程，梯形图如图 3-48 所示。

4. 下载及调试程序

问题讨论：在图 3-49 所示的使用置位指令、复位指令编程的梯形图中，程序段 1 和程序段 2 的置位复位顺序对调，在执行中可能会出现什么问题？

_____

_____

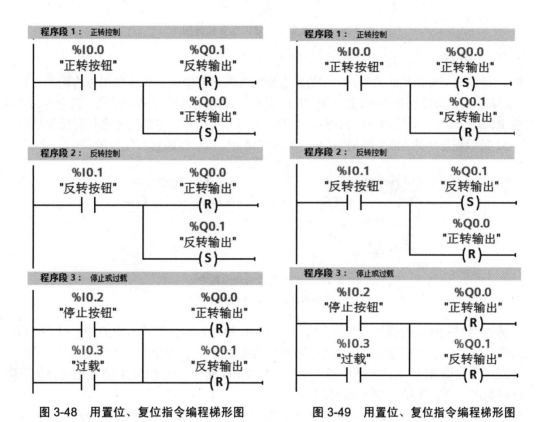

图 3-48　用置位、复位指令编程梯形图　　图 3-49　用置位、复位指令编程梯形图

知识拓展

1. 多点置位指令、复位指令

（1）多点置位指令将以指定的地址开始的连续若干个地址置位。

如图 3-50 所示的梯形图的程序段 1，当 I0.1 上升沿到时，Q0.1、Q0.2、Q0.3 等 3 个输出置 1。

（2）多点复位指令将指定的地址开始的连续若干个地址复位。

如图 3-50 所示的梯形图的程序段 2，当 I0.2 下降沿到时，Q0.1、Q0.2、Q0.3 等 3 个输出清 0。

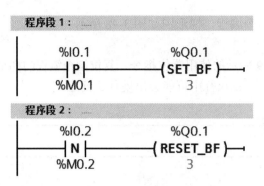

图 3-50　多点置位、复位指令梯形图

2. 扫描 RLO 信号的边沿指令

RLO 是逻辑运算结果的简称，RLO 的状态为"1"，表示有能流流到梯形图中的运算点处，为"0"则表示无能流流到该点处。指令 P_TRIG 是扫描 RLO 的信号上升沿指令，指令 N_TRIG 是扫描 RLO 的信号下降沿指令，如图 3-51 所示。这两个指令下方的问号也是有操作数的，如图 3-52 所示程序中的 M0.5 和 M0.6 都是用来存储上一次的逻辑运算结果的。

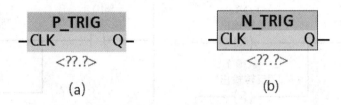

图 3-51　RLO 信号的边沿指令

（a）上升沿指令；（b）下降沿指令

在流进"扫描 RLO 的信号上升沿"指令（P_TRIG 指令）的 CLK 输入端的能流（即 RLO）的上升沿，Q 端输出脉冲宽度为一个扫描周期的能流，使 Q0.0 置位。

在流进"扫描 RLO 的信号下降沿"指令（N_TRIG 指令）的 CLK 输入端的能流的下降沿，Q 端输出一个扫描周期的能流，使 Q0.0 复位。

注意：RLO（逻辑运算结果），P_TRIG 指令和 N_TRIG 指令不能放在指令开头和结尾，只能放在中间。

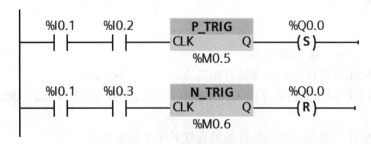

图 3-52　边沿指令梯形图

扫描触点边沿指令是检测变量的上升沿（或下降沿）变化（只有一个触点）。

扫描 RLO 信号边沿指令是上升沿变化的（或下降沿）变化（可能有几个触点）。

问题讨论：在图 3-53 所示梯形图中的程序段 1 和程序段 2 有什么区别？执行结果是否相同？

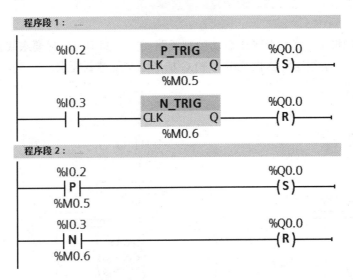

图 3-53　梯形图

任务思政

PLC 的上升沿和下降沿指令是信号在 0 和 1 之间进行突变，就像聚焦力量集中爆发。中国抗疫斗争的生动实践，彰显了社会主义制度的优越性——集中力量办大事和共产党的治理能力。中国在抗疫中表现出的应对能力和制度优势，无一不在说明中国强大的动员力，不仅中国人民，世界许多国家人民都有这样的认识。

任务 8　甩开手练——S7-1200 PLC 控制电动机星三角启动（定时器指令）

学习目标

- 理解 4 种定时器指令的定时原理，能说出时序图动作顺序。
- 会用定时器指令编写电动机星–三角形降压启动的梯形图，并能调试程序。
- 能安装 PLC 控制线路。

4 课时

工作情景

　　某企业的电动机星−三角形降压启动控制线路如图 3-54 所示，现要求我们用 PLC 改造线路，画 I/O 接线图，运用定时器指令编写 PLC 梯形图实现控制要求。

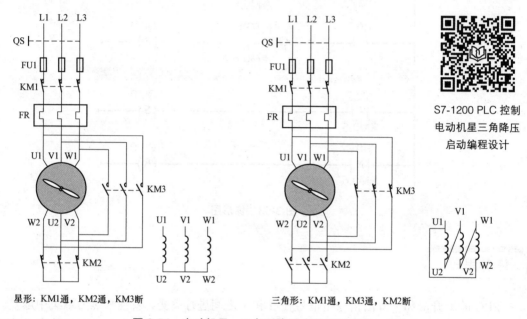

星形：KM1通，KM2通，KM3断　　　　三角形：KM1通，KM3通，KM2断

S7-1200 PLC 控制
电动机星三角降压
启动编程设计

图 3-54　电动机星−三角形降压启动控制线路

知识导图

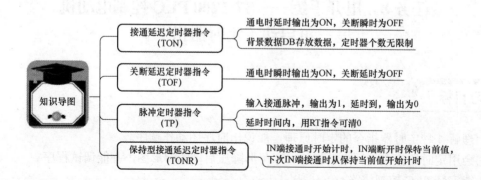

知识导图	接通延迟定时器指令（TON）	通电时延时输出为ON，关断瞬时为OFF
		背景数据DB存放数据，定时器个数无限制
	关断延迟定时器指令（TOF）	通电时瞬时输出为ON，关断延时为OFF
	脉冲定时器指令（TP）	输入接通脉冲，输出为1，延时到，输出为0
		延时时间内，用RT指令可清0
	保持型接通延迟定时器指令（TONR）	IN端接通时开始计时，IN端断开时保持当前值，下次IN端接通时从保持当前值开始计时

1. S7-1200 PLC 中定时器指令的种类

定时器：用来定时、完成时间控制的器件，在 PLC 中可用指令来实现定时器功能。

在 S7-1200/1500 PLC 中定时器指令名称不像 S7-200 PLC 中用 T0、T1 等表示而用 IEC，并用背景数据 DB 存放数据。定时器数量仅受 CPU 存储器容量限制，这样定时器几乎没有数量限制。

在 S7-1200 PLC 中定时器指令有 4 种，如图 3-55 所示，分别是脉冲定时器指令（TP）、接通延迟定时器指令（TON）、关断延迟定时器指令（TOF）、保持型接通延迟定时器指令（TONR）。

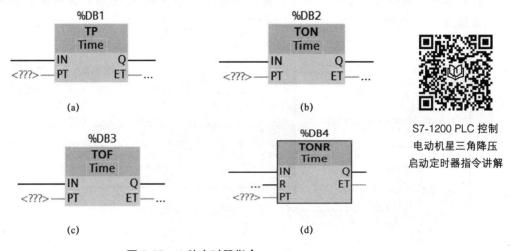

S7-1200 PLC 控制
电动机星三角降压
启动定时器指令讲解

图 3-55　4 种定时器指令

（a）脉冲定时器指令（TP）；（b）接通延迟定时器指令（TON）；（c）关断延迟定时器指令（TOF）；
（d）保持型接通延迟定时器指令（TONR）

S7-1200 PLC 中定时器指令可以用框图表示和线圈表示，如图 3-56 所示。

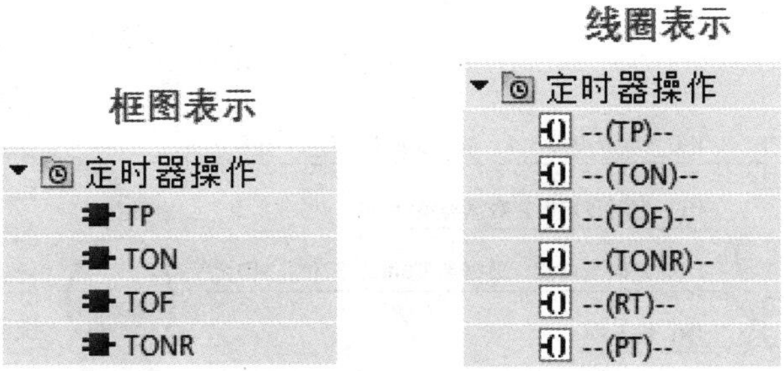

线圈表示

▼ ⊙ 定时器操作
- -(TP)--
- -(TON)--
- -(TOF)--
- -(TONR)--
- -(RT)--
- -(PT)--

框图表示

▼ ⊙ 定时器操作
- TP
- TON
- TOF
- TONR

图 3-56　定时器指令框图表示和线圈表示

定时器指令框图各种参数含义如图 3-57 所示。

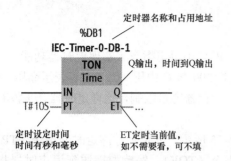

参数	数据类型	说明
IN	Bool	启用定时器输入
PT (Preset Time)	Bool	预设的时间值输入
Q	Bool	定时器输出
ET (Elapsed Time)	Time	经过的时间值输出
定时器数据块	DB	指定要使用RT指令复位的定时器

图 3-57　定时器指令框图参数

定时器背景数据块如图 3-58 所示，是在系统块/程序资源中，包含：定时设定值 PT、定时当前值 ET、定时输入位 IN、定时输出位 Q。

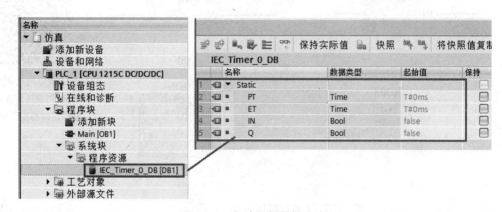

图 3-58　定时器背景数据块

注意：如果用线圈指令编写程序，必须要先添加一个定时器背景数据块，背景数据块的数据类型是 IEC_TIMER。定时器号数据类型是 IEC-TIMER，定时时间数据类型是 time，定时器的定时时间和当前值是 32 位整数，用 MD 表示，如图 3-59 所示；PLC 定时器应用场合很多，如图 3-60 所示。

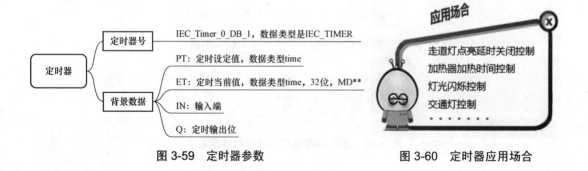

图 3-59　定时器参数　　　　　　　图 3-60　定时器应用场合

2. S7-1200 PLC 中定时器指令的功能

（1）脉冲定时器指令（TP）。

脉冲定时器指令的梯形图如图 3-61 所示，时序图如图 3-62 所示。

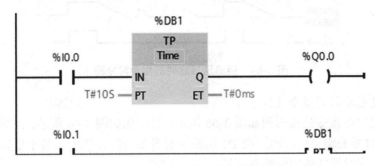

图 3-61　脉冲定时器指令的梯形图

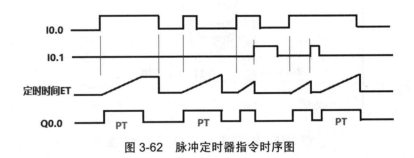

图 3-62　脉冲定时器指令时序图

脉冲定时器在 IN 端 I0.0 有一个上升沿时，输出 Q0.0 通，延时时间到，自动使 Q0.0 断；可生成具有预设宽度时间的脉冲输出。

图 3-61 中，当 I0.0 接通为 ON 时，Q0.0 的状态为 ON，10 s 后，Q0.0 的状态变为 OFF，在这 10 s 时间内，不管 I0.0 的状态如何变化，Q0.0 的状态始终保持为 ON；如在 10 s 内，I0.1 接通为 ON 时，Q0.0 的状态变为 OFF。

（2）接通延迟定时器指令（TON）。

接通延迟定时器指令的梯形图如图 3-63 所示，时序图如图 3-64 所示。接通延迟定时器在 IN 端接通时开始计时，当定时值等于定时器预设值时，定时器的输出位接通，只有在 IN 端断开或复位信号接通时，定时器复位。

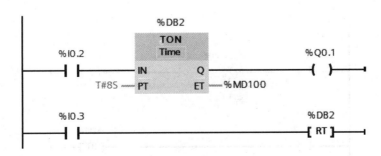

图 3-63　接通延迟定时器指令梯形图

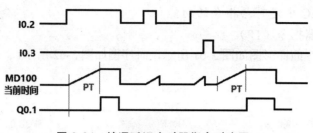

图 3-64   接通延迟定时器指令时序图

（3）关断延迟定时器指令（TOF）。

关断延迟定时器指令的梯形图如图 3-65 所示，时序图如图 3-66 所示。关断延迟定时器在 IN 端接通时定时器的输出位接通，在 IN 端断开时开始计时，当前值等于定时器预设值或复位信号接通时，定时器的输出位断开。

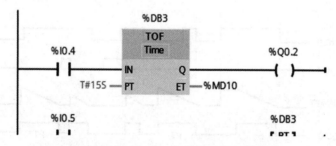

图 3-65   关断延迟定时器指令的梯形图

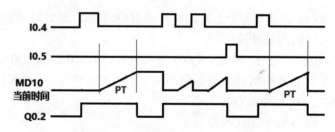

图 3-66   关断延迟定时器指令时序图

（4）保持型接通延迟定时器指令（TONR）。

保持型接通延迟定时器指令的梯形图如图 3-67 所示，时序图如图 3-68 所示。保持型接通

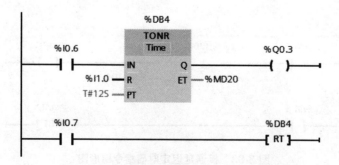

图 3-67   保持型接通延迟定时器指令的梯形图

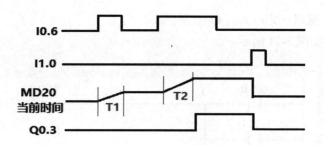

图 3-68   保持型接通延迟定时器指令时序图

延迟定时器在 IN 端接通时开始计时，IN 端断开时保持当前值，下次 IN 端接通时从保持当前值开始计时，当前值等于定时器预设值时，定时器的输出位接通，只有在复位信号接通时，定时器复位。

【案例 1】按下 I0.0（点动），Q0.0 亮，5 秒后，按 Q0.0 灭掉。

设计的梯形图如图 3-69 所示。

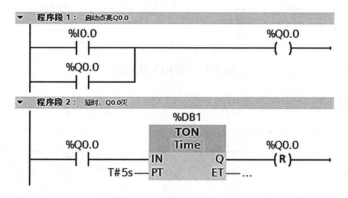

图 3-69   案例 1 梯形图

【案例 2】按下 I0.0（点动），5 秒后，Q0.0 亮，按 I0.1 灭掉。

设计的梯形图如图 3-70 所示。

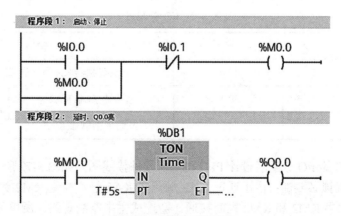

图 3-70   案例 2 梯形图

【案例 3】用按钮 I0.0、Q0.0 和定时器，模拟客房取电系统。I0.0 通时（插卡），Q0.0 亮；

I0.0 断时（拔卡），延时一定时间后 Q0.0 灭。

设计的梯形图如图 3-71 所示。

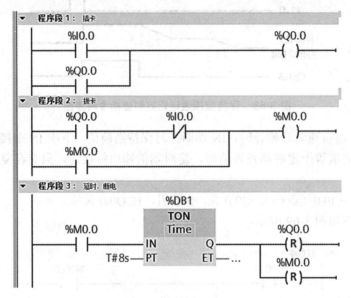

图 3-71　案例 3 梯形图

问题讨论：图 3-71 所示梯形图中的 Q0.0 和 M0.0 可不可以不用自锁，为什么？

_____

_____

任务实施

PLC 控制电动机的星三角启动

（1）根据控制要求分析输入信号与被控信号，列出 PLC 的 I/O 分配表，如表 3-4 所示。

表 3-4　I/O 分配表

输入		输出	
启动 SB2	I0.0	电源接触器 KA1	Q0.0
停止 SB1	I0.1	星形接触器 KA2	Q0.1
过载 FR	I0.2	三角形接触器 KA3	Q0.2

（2）根据 PLC 的 I/O 分配表设计 PLC 的 I/O 硬件接线图，如图 3-72 所示。

KA2、KA3 互锁必要性：由于通过 KA2 触点和 KA3 触点控制 KM2 线圈和 KM3 线圈，而在主电路中，如果 KM2 和 KM3 同时接通，会造成主电路的短路，所以 KA2 和 KA3 要进行互锁，保证每一次 KM2 和 KM3 中只能接通其中一个。

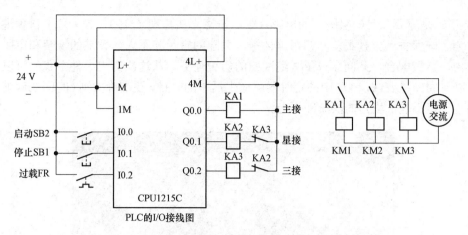

图 3-72   PLC 的 I/O 硬件接线图

（3）根据控制要求编写控制梯形图，如图 3-73 所示。

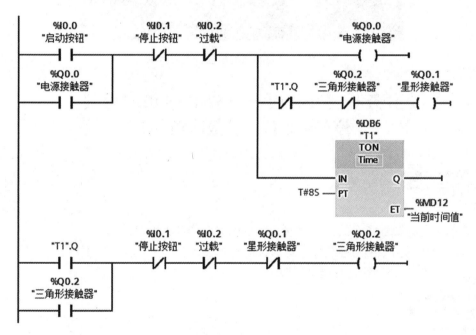

图 3-73   梯形图

（4）然后根据 PLC 的 I/O 硬件接线图安装接线、下载及调试程序。

问题讨论：在图 3-73 所示的梯形图中，要求加入一个急停开关，你认为如何修改程序？

_____

_____

任务思政

"154 年的耻辱，我们多一秒都不能再等，0 分 0 秒升起中国国旗，这是我们的底线"，

图 3-74 所示是《我和我的祖国》的电影片断，电影真实再现了 1997 年 7 月 1 日香港回归的盛况。为了确保香港分秒不差回归祖国怀抱，大陆的官员和军人，香港的警察和市民，双方同心协力，默契配合，共同完成了香港回归的历史任务，从这次历史事件中我们可以体会到精确控制时间的重要性，PLC 中的定时器就像生活中的时钟，要准确控制。时间在向前奔跑，时代的尘埃挡不住，岁月的洪流冲不走。

图 3-74 《我和我的祖国》电影片断

任务 9 精练巧手——S7-1200 PLC 控制停车场车位（计数器指令）

学习目标

- 理解 3 种计数器指令的计数原理，能说出时序图动作顺序。
- 能用计数器指令编写控制停车场车位的梯形图。
- 能安装 PLC 控制线路及调试程序。

建议学时

4 课时

工作情景

某地下停车场分车辆入口和出口，最多容纳 50 辆汽车，需要停车的车辆从停车场入口驶入，需要离开的车辆从停车场出口驶出，为了了解停车场内停有车辆的数量，可在车辆入口和出口安装检测装置，检测进出停车场的车辆，当停车场停满 50 辆车时，停车场入口红色指示灯亮；当停车场内少于 50 辆车时，停车场入口绿色指示灯亮，如图 3-75 所示，请设计停车场控制系统。

图 3-75 地下停车场示意图

知识导图

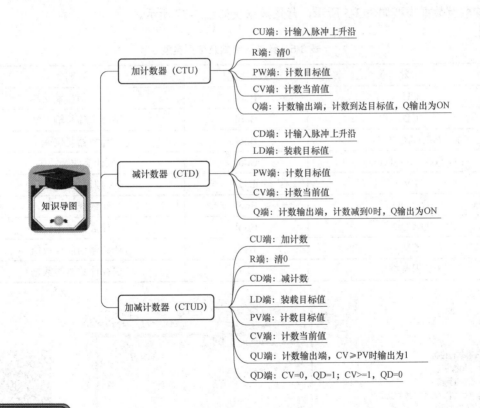

相关知识

1. S7-1200 PLC 计数器指令

计数器是计脉冲数量，每当有一个脉冲来，计一次数，计数到达预设值时执行动作。计数器指令有 3 种，分别是加计数器（CTU）、减计数器（CTD）、加减计数器（CTUD），如图 3-76 所示。

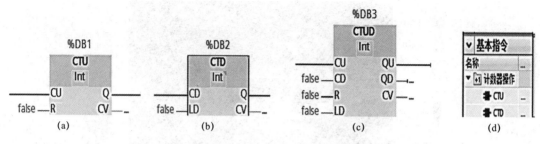

图 3-76 计数器的 3 种指令

（a）加计数器；（b）减计数器；（c）加减计数器；（d）软件指令表

这 3 种计数器属于普通计数器，其最大计数速率受到它所在 OB 的执行速率的限制，如果需要计数速率更高的计数器，可以使用 CPU 内置的高速计数器。

调用计数器指令时，需要生成保存计数器参数的背景数据块，背景数据在系统块中；计数器参数及数据类型如表 3-5 所示，背景数据块如图 3-77 所示。

表 3-5 计数器参数及数据类型

参数	数据类型	说明
CU	Bool	加计数信号输入端
CD	Bool	减计数信号输入端
R（CTU、CTU D）	Bool	计数器复位端
LD（CTD、CTU D）	Bool	预计值的装载端
PV	INT	预设计数值
Q、QU	Bool	计数器输出位
Q、QD	Bool	计数器输出位
CV	INT	计数器当前计数值
计数器数据块	DB	保存计数器的数据

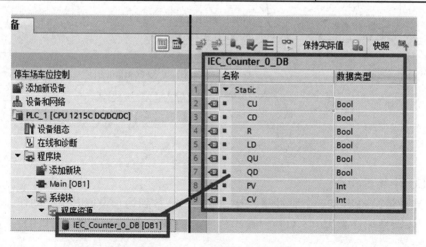

S7-1200 PLC 控制
停车场车位计数
（编程、调试）

图 3-77 计数器背景数据块

2. S7-1200 PLC 计数器指令的功能

（1）加计数器（CTU）。

加计数器指令和时序图如图 3-78 所示，加计数器在复位端 R 为 0 时，加计数 CU 端每来一个上升沿，计数器加 1，当计数器的当前值 CV≥计数器的预计值 PV 时，计数器的输出位为 1；只有复位端 R 为 1 时，计数器复位，输出为 0，当前值为 0。

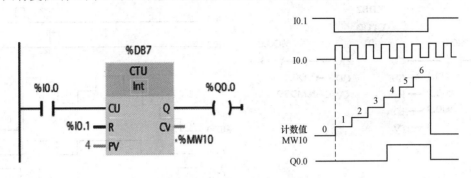

图 3-78　加计数器指令和时序图

问题讨论 1：上述中，当计数到 4 时，I0.0 断开，输出 Q0.0 状态是什么？当计数达到 5时，输出 Q0.0 状态又如何？

问题讨论 2：当 I0.0 和 I0.1 同时接通，输出为多少？

（2）减计数器（CTD）。

减计数器指令和时序图如图 3-79 所示，减计数器在计数时，首先要 LD 端接通把计数器的预设值装载到计数器，然后在 LD 端为 0 时，减计数 CD 端每来一个上升沿，计数器减 1，当计数器的当前值 CV≤0 时，计数器的输出位接通。

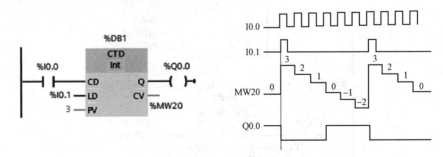

图 3-79　减计数器指令和时序图

（3）加减计数器（CTUD）。

加减计数器指令和时序图如图 3-80 所示，加减计数器在复位端 R 为 0 和装载 LD 端为 0时，QU 端为 0，QD 端为 1，当前值 CV 为 0。加计数 CU 端每来一个上升沿，计数器加 1；减计数 CD 端每来一个上升沿，计数器减 1，只要当前值 CV 不为 0，QD 端为 0。当计数器的当前值 CV≥计数器的预计值 PV 时，计数器的输出位 QU 端为 1，只有复位端 R 为 1 时，计数器复位。

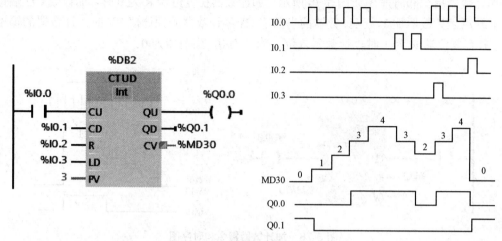

图 3-80　加减计数器指令和时序图

【案例】I0.0 启动，Q0.0 闪烁 3 次后停止。

设计的梯形图如图 3-81 所示。

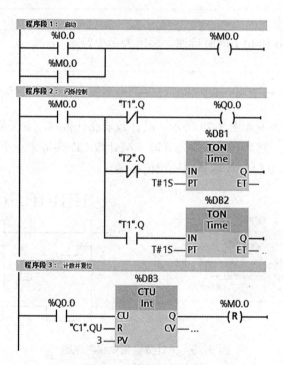

图 3-81　案例的梯形图

计到第 3 次时，"C1." QU 使计数器清 0，不执行后面 M0.0 清 0，Q0.0 继续闪烁下去，停不了。

改程序：如图 3-82 所示。

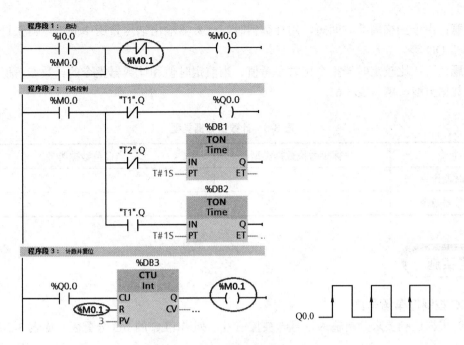

图 3-82　案例修改后的梯形图

闪烁 2 次后，停止，计不到 3 次，为什么？

实际上第 3 次闪了一个扫描周期，但是看不到。因为计到第 3 个脉冲上升沿时，M0.1 通，使 M0.0 断，Q0.0 断，无输出。

改程序：如图 3-83 所示，应该是第 3 次亮后，应用 Q0.0 的下降沿再清 0 计数器。

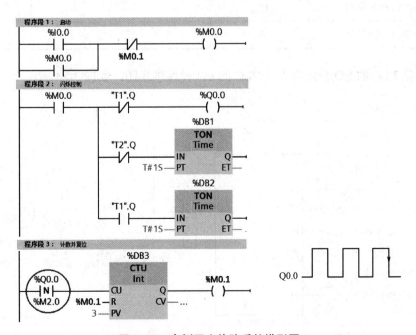

图 3-83　案例再次修改后的梯形图

注意：由于扫描周期时间短，用计数器时，计数器输出端尽量用中间继电器来过渡，少用 "C1." QU 等。

问题讨论：比较定时器指令定时参考值、当前定时值和计数器指令的计数参考值、当前计数值数据类型，填写表 3-6。

表 3-6　计数值数据类型

指令	目标参考值数据类型	当前值数据类型
定时器指令		
计数器指令		

任务实施

PLC 控制停车场车位

（1）根据控制要求分析输入信号与被控信号，列出 PLC 的 I/O 分配表，如表 3-7 所示。

表 3-7　I/O 分配表

输入		输出	
启动 SB2	I0.0	绿色指示灯 KA1	Q0.0
停止 SB1	I0.1	红色指示灯 KA2	Q0.1
停车场入口检测信号	I0.2		
停车场出口检测信号	I0.3		

（2）根据 PLC 的 I/O 分配表设计 PLC 的 I/O 硬件接线图，如图 3-84 所示。

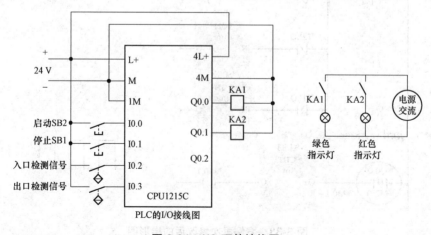

图 3-84　I/O 硬件接线图

（3）根据控制要求编写控制梯形图，如图 3-85 所示。

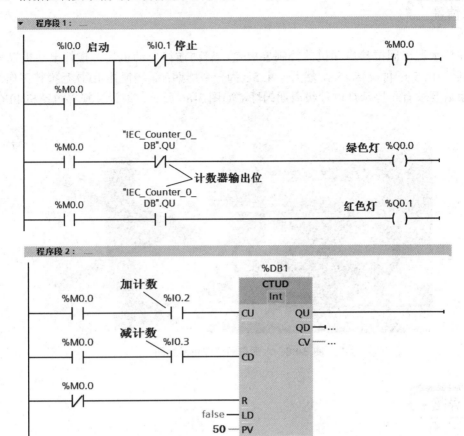

图 3-85 梯形图

（4）然后根据 PLC 的 I/O 硬件接线图安装接线、下载及调试程序。

任务 10 手脑并用——S7-1200 PLC 控制水泥搅拌机（综合应用）

学习目标

- 理解系统存储器字节和时钟存储器字节中的位含义，并能用位编写梯形图。
- 厘清正常停止、故障停止、紧急停止的区别及作用。
- 能综合用定时器指令、计数器指令设计梯形图。
- 进一步熟练 PLC 控制系统的设计方法。

建议学时

4 课时

S7-1200 PLC 定时计数
控制编程综合训练
（工业洗衣机控制）

工作情景

水泥厂水泥车间搅拌电动机的控制要求是，启动搅拌电动机后，搅拌电动机以先正转15 s，然后停止 5 s；再反转 15 s，然后停止 5 s 为一个周期；循环搅拌 10 次后搅拌工作结束。搅拌结束后要求有一提示灯以秒级周期闪烁，如图 3-86 所示，请设计搅拌电动机 PLC 控制系统。

图 3-86　水泥车间搅拌机示意图

知识导图

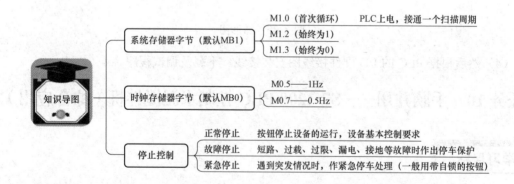

相关知识

系统和时钟存储器的设置

在设计梯形图时经常用到系统存储器字节和时钟存储器字节中的位去控制程序，在"项目"中打开"设备组态"，选中 CPU 后，右击，再选择"属性"/"常规"/"系统和时钟存储器"，分别勾选"启用系统存储器字节"与"启用时钟存储器字节"复选框，如图 3-87 所示。

系统存储器的默认字节是 MB1。

M1.0（首次循环）：PLC 仅在进入 RUN 模式的首次扫描时为"1"状态，以后为"0"状态。

M1.1（诊断状态已更改）：CPU 登录了诊断事件时，在一个扫描周期内为"1"状态。

M1.2（始终为 1）：总是为"1"状态，其常开触点总是闭合的。

M1.3（始终为 0）：总是为"0"状态，其常闭触点总是闭合的。

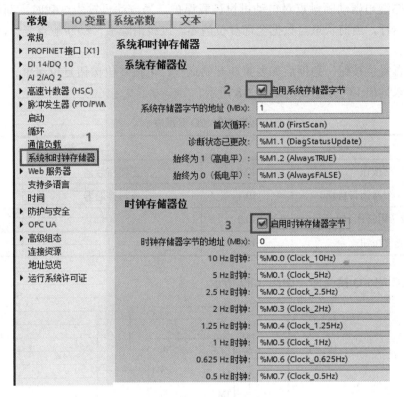

图 3-87　系统和时钟存储器

时钟存储器的默认字节是 MB0，PLC 运行后获得不同周期的脉冲信号，如图 3-88 所示。

图 3-88　脉冲信号

M0.0——10 Hz（周期 0.1 s）　　　　　M0.1——5 Hz（周期 0.2 s）

M0.2——2.5 Hz（周期 0.4 s）　　　　　M0.3——2 Hz（周期 0.5 s）

M0.4——1.25 Hz（周期 0.8 s）　　　　　M0.5——1 Hz（周期 1.6 s）

M0.6——0.625 Hz（周期 0.1 s）　　　　M0.7——0.5 Hz（周期 2 s）

注意：指定了"系统存储器和时钟存储器"后，这个字节就不能再作其他用途，且这个字节的位只能使用触点，不能使用线圈，否则将会使用户程序出错。

【案例】一台由电动机控制的自动往复微型加工设备对工件的加工过程是，启动后，电动机正向转动，8 s 后电动机反向转动，8 s 后电动机又正向转动，如此正转、反转反复运行 4 次后自动停机。要求如下：

（1）用动合按钮作启动控制。

（2）用动断按钮作急停控制，停止后，当前数据与状态保持，急停按钮复位后加工继续进行。

（3）用热继电器动断触点对电动机设过载保护。当电动机发生过载时，动断触点断开，电动机停止运行，当前状态与数据全部复位清零。过载消除后，动断触点复位，按启动按钮后重新运行。

（4）设置复位按钮。急停后如要重新开始运行，可按复位按钮复位清零。

根据要求列出 I/O 分配表，如表 3-8 所示。

表 3-8 I/O 分配表

输入		输出	
启动按钮	I0.0	正转接触器	Q0.0
急停按钮（用常闭带自锁）	I0.1	反转接触器	Q0.1
过载（用常闭）	I0.2		
复位按钮	I0.3		

画出 PLC 的 I/O 接线图，如图 3-89 所示。

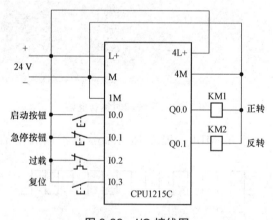

图 3-89 I/O 接线图

编写梯形图，如图 3-90 所示。急停时要保持当前的状态与数据，故使用有断电保护的定时器 TONR。

注意：

（1）对现场设备而言，从安全角度出发，一般要求运行设备设置以下的停止控制。

1）正常停止：用按钮停止设备的运行，这是设备的一种最基本控制要求。

2）故障停止：用故障保护动断触点在故障发生时停止设备的运行。在发生短路、过载、过限、漏电、接地等故障时作出停车保护。故障停止是设备的一种保护控制。

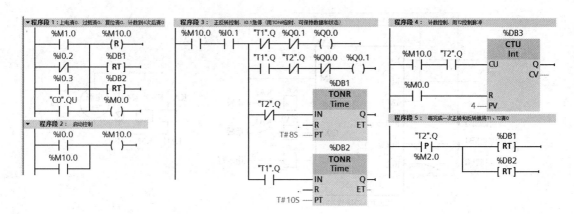

图 3-90　梯形图

3）紧急停止：用紧急停止控制按钮（一般用带自锁的按钮）来停止设备的运行。主要是在运行中遇到突发情况时，作紧急停车处理。紧急停止可根据设备的要求而设置。

（2）对停止状态及停止后的重新启动，也有以下多种要求。

1）停止后全部元件复位、数据清零，再次启动后重新开始运行。

2）停止后保持当前的运行状态与数据，停止复位后自动在当前状态上恢复运行。

3）停止后保持当前的运行状态与数据，停止复位后，需再次启动才能在当前状态上继续运行，停止与启动是任何一个控制设备都必须设置的控制。

问题讨论 1：为什么急停按钮用常闭触点而不用常开触点？

_____

_____

问题讨论 2：请你谈谈一般停止按钮与急停按钮的区别。

_____

_____

任务实施

PLC 控制水泥搅拌机

（1）根据控制要求分析输入信号与被控信号，列出 PLC 的 I/O 分配表，如表 3-9 所示。

表 3-9　I/O 分配表

输入		输出	
启动搅拌机 SB2	I0.0	搅拌机正转 KA1	Q0.0
停止搅拌机 SB1	I0.1	搅拌机反转 KA2	Q0.1
搅拌机过载 FR	I0.2	搅拌结束指示灯 KA3	Q0.2

（2）根据 PLC 的 I/O 分配表设计 PLC 的 I/O 硬件接线图，如图 3-91 所示。

（3）根据控制要求编写控制梯形图，如图 3-92 所示。

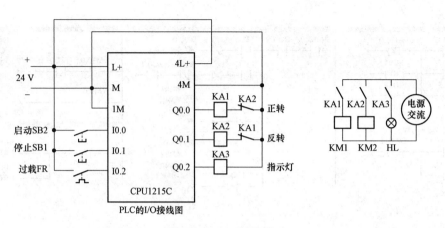

图 3-91 I/O 接线图

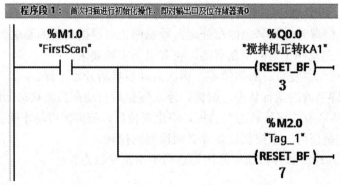

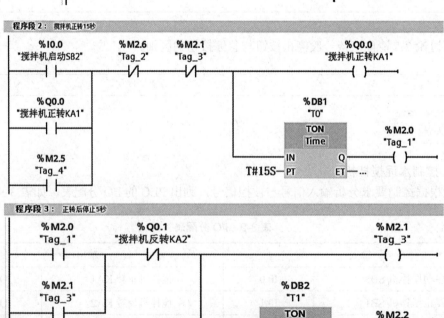

图 3-92 梯形图

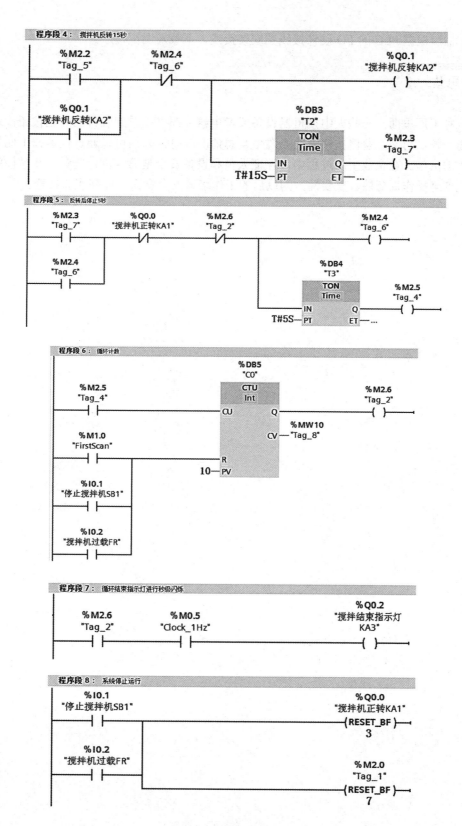

图 3-92　梯形图（续）

（4）然后根据 PLC 的 I/O 硬件接线图安装接线、下载及调试程序。

任务思政

在各种工厂里面，一些大中型机器设备或者电器上都可以看到醒目的红色按钮，这就是急停按钮。顾名思义，急停按钮就是当发生紧急情况的时候人们可以通过快速按下此按钮来达到保护的措施。在企业生产过程中，保证人员和设备安全是第一位，同学们在学校的实训中要强化安全操作规范性、重要性，为以后的工作培养安全意识，提高职业素养。

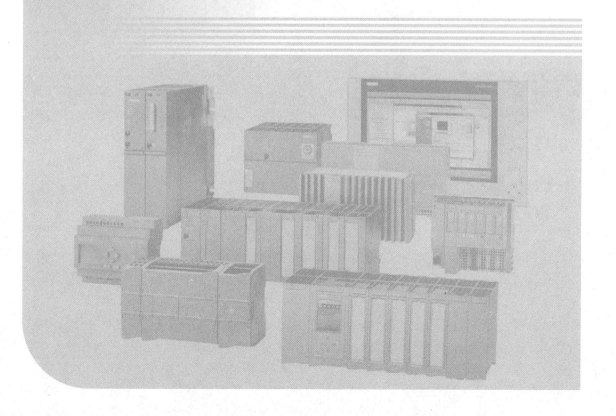

模块 2

进阶篇

项目 4　初露锋芒——S7-1200 PLC 功能指令应用

任务 11　S7-1200 PLC 控制彩灯闪烁（传送指令、比较指令）

学习目标

- 比较字节立即传送指令、单一传送指令的使用方法。
- 能用数据传送指令编写控制程序。
- 理解比较指令含义，能用比较指令编写梯形图。

建议学时

4 课时

工作情景

新年将至，学校将举行元旦游园晚会，为了烘托节日气氛，游园晚会现场要布置彩灯，要求用 PLC 控制彩灯按一定规律闪烁，如图 4-1 所示，请你完成编程任务。

图 4-1　彩灯控制

知识导图

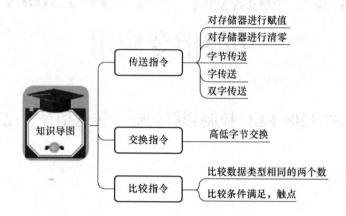

1. 传送指令（MOVE）

如图 4-2 所示，传送指令用于将 IN 输入的源数据传送给 OUT1 输出的目的地址，并且转换为 OUT1 允许的数据类型（与是否进行 IEC 检查有关），源数据保持不变。

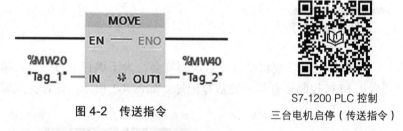

图 4-2　传送指令

S7-1200 PLC 控制
三台电机启停（传送指令）

传送指令 MOVE 对存储器进行赋值，或者把一个存储器的数据复制到另外一个存储器中，还可以用于清零功能，用传送指令编写的梯形图如图 4-3 所示。

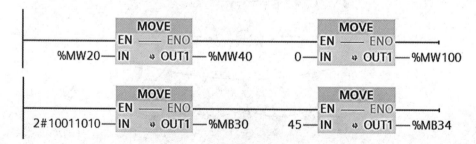

图 4-3　传送指令编写的梯形图

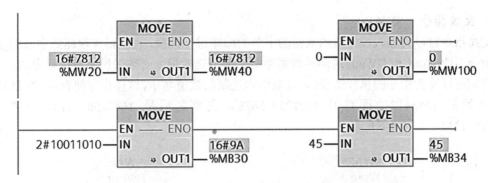

图 4-3　传送指令编写的梯形图（续）

通过传送指令设定定时值或计数值到存储器如图 4-4 所示，用存储器间接设定定时值和计数器目标值，使定时或计数控制更加灵活，这对于根据实际情况改变定时值或计数值的控制是十分有用的。

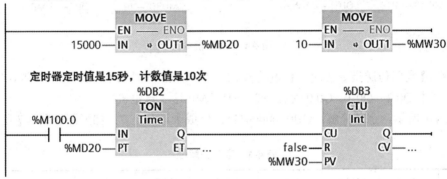

图 4-4　传送指令设定定时值

如果 IN 数据类型的位长度超出 OUT1 数据类型的位长度，源值的高位丢失。如果 IN 数据类型的位长度小于 OUT1 数据类型的位长度，目标值的高位被改写为 0。例如，可将 MB20 中的数据传送到 MW30。如果将 MW0 中超过 255 的数据传送到 MB10，则只是将 MW0 的低位字节（MB1）中的数据传送到 MB10，如图 4-5 所示。

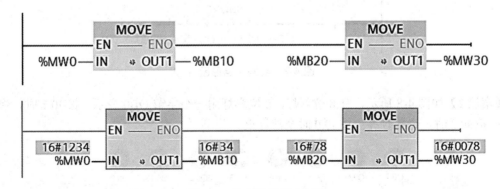

图 4-5　数据传送长度不同

2. 交换指令（SWAP）

交换指令可以将输入操作数的数据的字节的顺序进行调换，也就是实现高低字节的交换，交换指令支持 Word 和 DWord 这两种数据类型。字节交换指令必须采用脉冲执行方式。

我们可以监控指令的执行情况，可以以十六进制的数值显示，这样也方便查看。如 16#1234，交换之后是 16#3412；而对于 16#1234_5678，交换之后是 16#7856_3412，注意不是 16#5678_1234，如图 4-6 所示。

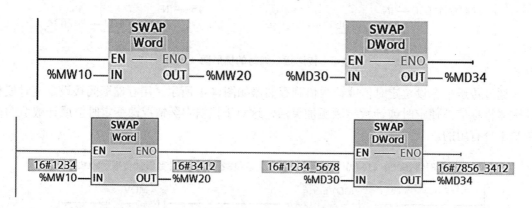

图 4-6 交换指令

【案例 1】利用传送指令实现 3 台电动机 M0、M1、M2 同时启/停控制，一个字节有 8 位，用 QB0，其中 Q0.2、Q0.1、Q0.0 对应 M2、M1、M0 这 3 台电机。

如表 4-1 所示，字节分解：QB0=00000111，化成十进制是 7，梯形图如图 4-7 所示。

表 4-1 字节分解位

端子	Q0.7	Q0.6	Q0.5	Q0.4	Q0.3	Q0.2	Q0.1	Q0.0
值	0	0	0	0	0	1	1	1

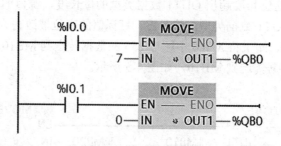

图 4-7 案例 1 梯形图

【案例 2】如图 4-8 所示，有 8 位彩灯，8 位彩灯用一个字节 QB0 表示，按 I0.1 时，偶数灯亮；按 I0.2 时，奇数灯亮；按 I0.0 时全部灯灭。

图 4-8 8 位彩灯示意图

偶数灯亮时，QB0=01010101，化成十进制是 85，如表 4-2 所示。

表 4-2　字节分解位

端子	Q0.7	Q0.6	Q0.5	Q0.4	Q0.3	Q0.2	Q0.1	Q0.0
值	0	1	0	1	0	1	0	1

奇数灯亮时，QB0=10101010，化成十进制是 170，如表 4-3 所示。

表 4-3　字节分解位

端子	Q0.7	Q0.6	Q0.5	Q0.4	Q0.3	Q0.2	Q0.1	Q0.0
值	1	0	1	0	1	0	1	0

梯形图如图 4-9 所示。

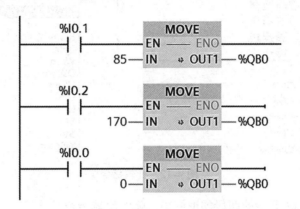

S7-1200 PLC 城市
喷泉控制（比较指令）

图 4-9　案例 2 梯形图

讨论问题 1：图 4-10 所示的传送指令中，哪个传送指令存在错误？

_____

_____

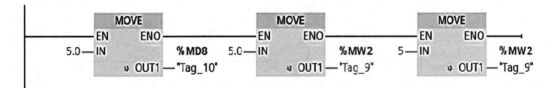

图 4-10　传送指令梯形图

讨论问题 2：图 4-11 所示的两条数据传送指令中，存在什么问题？

_____

_____

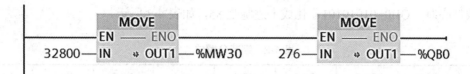

图 4-11　传送指令梯形图

3. 比较指令

比较指令用来比较数据类型相同的两个数 IN1 与 IN2 的大小，如图 4-12 所示。操作数可以是 I、Q、M、L、D 存储区中的变量或常量。满足比较关系式给出的条件时，等效触点接通；比较指令需要设置数据类型，如字 MW20 比较时用 Int，双字 MD40 比较时用 Real 或 DInt。

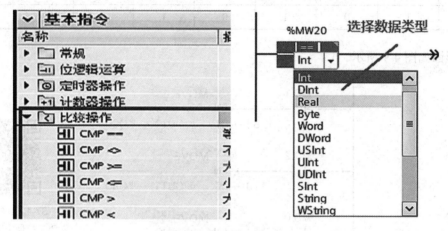

图 4-12　比较指令

问题讨论：图 4-13 所示的两段梯形图中，哪个比较指令是错误的，请指出改正。

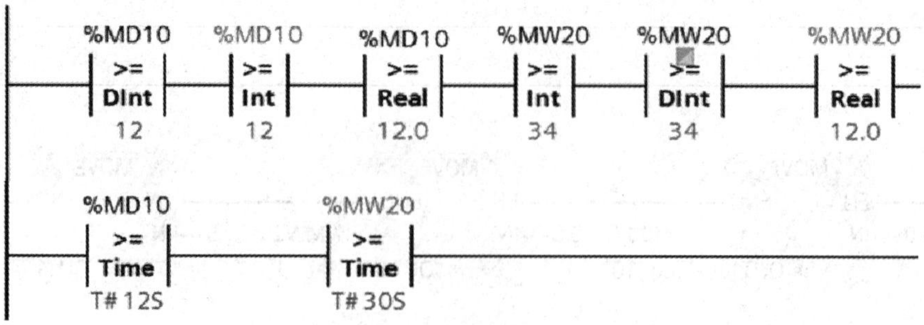

图 4-13　比较指令梯形图

【案例 1】用比较指令实现彩灯按顺序亮灭，启动时 Q0.0 亮，5 s 后 Q0.1 亮，10～15 s Q0.2 亮，15 s 后 Q0.1 灭，20 s 后，Q0.0、Q0.1、Q0.2 全灭。

梯形图如图 4-14 所示。

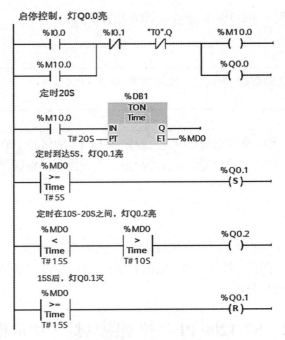

图 4-14　案例 1 比较指令实现彩灯按顺序亮灭梯形图

问题讨论：图 4-14 所示梯形图中，当定时 20 s 到，除了用"T0".Q 触点外，还可以用什么样的指令实现要求？

【**案例 2**】某管道压力表的压力值，上限是 10 kg，下限是 5.1 kg，正常压力时绿灯亮，非正常压力时红灯亮。请用比较指令编写梯形图。

梯形图如图 4-15 所示。

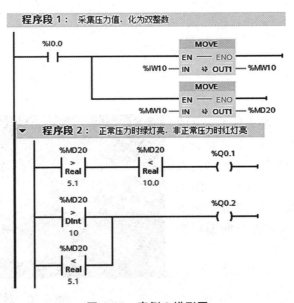

图 4-15　案例 2 梯形图

问题讨论 1：上述程序中，IW10 能否用 IW0 代替，为什么？

_____

问题讨论 2：MD20 的数据类型为什么可用 Real 或 DInt 表示？

_____

课堂练习：在 HMI 上可设定电动机转速，设定值 MW2 的值是 100～1 440 r/min，若设定的值在此范围内，3 s 后启动电动机 Q0.0，否则 Q0.1 长亮提示，请编写梯形图。

任务思政

比较指令是比较两个数据的大小，有比较才体现差别，我们在学习工作中要与先进比较，从差异中学习，从对比中创新，认真思考，悟出真谛，见贤思齐，找到差距和不足，发奋努力学习和工作，赶上甚至超过先进。

任务 12　S7-1200 PLC 控制跑马灯（移位指令）

学习目标

- 理解各种移位指令移位的含义。
- 会用移位寄存器设计彩灯程序。

建议学时

4 课时

工作情景

跑马灯，即走马灯，是一种供玩赏的灯。用纸片剪成人马的形状，粘在灯壳里的纸轮上，由火焰推动空气，使纸剪的人物转动，呈现出不断流转的效果，如图 4-16 所示。所以在这里我们用它来指控制多盏灯按照一定的顺序和时间不断循环亮灭达到的流转的效果。

图 4-16　跑马灯

知识导图

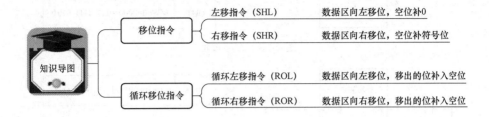

左移指令（SHL）　　数据区向左移位，空位补0

右移指令（SHR）　　数据区向右移位，空位补符号位

循环左移指令（ROL）　数据区向左移位，移出的位补入空位

循环右移指令（ROR）　数据区向右移位，移出的位补入空位

相关知识

移位指令种类分为左移指令、右移指令、循环左移指令、循环右移指令 4 种，如图 4-17 所示。

使用移位指令时，分清移位的数据类型。

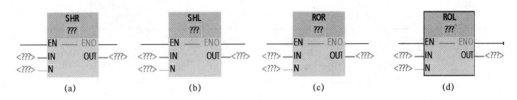

图 4-17　移位指令

（a）右移指令；（b）左移指令；（c）循环右移指令；（d）循环左移指令

1. 移位指令

SHR：数据区向右移位。SHL：数据区向左移位。

右移指令参数如图 4-18 所示。

IN 为要移动的数据区；

N 为移动的个数（位数）；

OUT 为移位结果存放地址。

左移时，空位补 0；右移时，空位补符号位。

左移移位原理：使能输入有效时，将输入 IN 的无符号数字节、字或双字中的各位向左移 N 位后（右端补 0），将结果输出到 OUT 所指定的存储单元中。

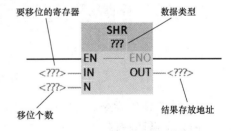

图 4-18　右移指令参数

种类：按参与移位数据的位数左移分为字节左移、字左移、双字左移 3 种；右移分为字节右移、字右移、双字右移 3 种。

如图 4-19 所示，如 I0.0 信号为 1 时，执行右移操作，变量 MW10 的值右移 3 位，结果放在 MW40 中，如移位过程中无错，Q4.0 置 1。

如图 4-20 所示，如 I0.0 信号为 1 时，执行左移操作，变量 MW10 的值左移 4 位，结果放在 MW40 中，如移位过程中无错，Q4.0 置 1。

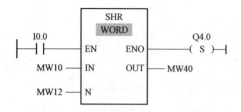

图 4-19　右移过程

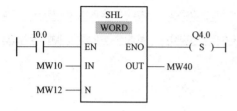

图 4-20　左移过程

如图 4-21 所示，原来 MW10=16#9228，右移 4 位后，结果是 MW10=16#0922

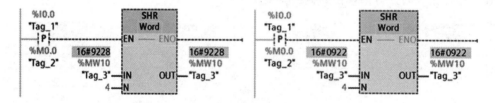

执行结果：把MW10的16位数，由高往低移4位，空位补0，存入MW10中

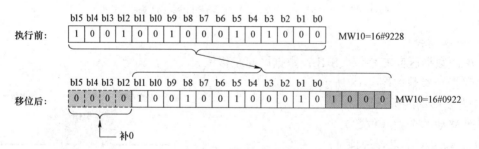

图 4-21　案例移位过程

2. 循环移位指令

ROR，循环右移。

ROL，循环左移。

无论左移、右移，移出的位补入空位。

"循环右移"指令 ROR 和"循环左移"指令 ROL 将输入参数 IN 指定的存储单元的整个内容逐位循环右移或循环左移 N 位，移出来的位又送回存储单元另一端空出来的位。移位的结果保存在输出参数 OUT 指定的地址。移位位数 N 可以大于被移位存储单元的位数。

S7-1200 PLC 控制彩灯（移位指令编程）

S7-1200 PLC 控制彩灯（移位指令讲解）

如图 4-22 所示，如 I0.0 信号为 1 时，执行循环右移操作，变量 MW10 的值右移 5 位，结果放在 MW40 中，如移位过程中无错，Q4.0 置 1。

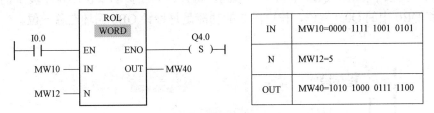

IN	MW10=0000 1111 1001 0101
N	MW12=5
OUT	MW40=1010 1000 0111 1100

图 4-22 循环右移过程

如图 4-23 所示，如 I0.0 信号为 1 时，执行循环左移操作，变量 MW10 的值左移 5 位，结果放在 MW40 中，如移位过程中无错，Q4.0 置 1。

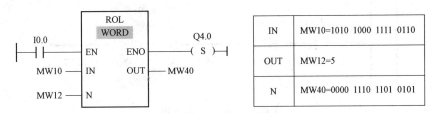

IN	MW10=1010 1000 1111 0110
OUT	MW12=5
N	MW40=0000 1110 1101 0101

图 4-23 循环左移过程

循环左移指令移位过程，如图 4-24 所示。

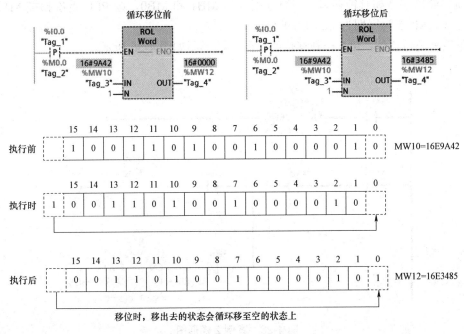

图 4-24 循环左移指令移位过程

111

【案例 1】通过循环移位指令实现彩灯控制。

编写程序如图 4-25 所示，其中 I0.0 为控制开关，M1.5 为周期为 1 s 的时钟存储器位，实现的功能为，当按下 I0.0，QB0 中为 1 的输出位每秒钟向左移动 1 位。程序段 1 的功能是赋初值，即将 QB0 中的 Q0.0 置位，程序段 2 的功能是每秒钟 QB0 循环左移一位。

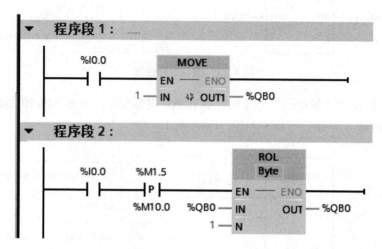

图 4-25　案例 1 梯形图

【案例 2】有 8 个彩灯，开机时有 3 个彩灯亮，每隔 0.5 s，3 个彩灯向左或向右移动。I0.6 控制是否移位，I0.7 控制移位的方向，设计梯形图。

系统存储器字节和时钟存储器字节分别设为 MB1 和 MB0，则 PLC 首次扫描 M1.0 的常开触点接通，M0.5 为周期为 1 s 的方波信号。

I0.6 控制是否移位，I0.7 控制移位的方向，梯形图如图 4-26 所示。

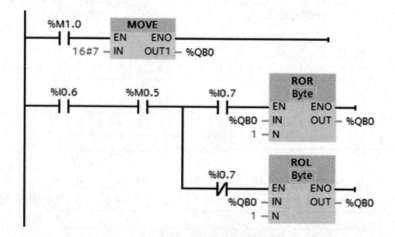

图 4-26　案例 2 梯形图

任务思政

移位指令是来一个信号移一个位置，就像我们做人做事要脚踏实地，切不可眼高手低，一步一个脚印，不积跬步，无以至千里。不畏艰难，不怕曲折，坚忍不拔地干下去，才能最终达到目的。

任务 13　S7-1200 PLC 控制运货小车往返运动（顺序控制）

学习目标

- 说出转移条件、转移目标和工作任务。
- 理解顺序控制指令含义。
- 会画顺序控制指令框图，并用置位复位指令转换成梯形图。

建议学时

4 课时

工作情景

如图 4-27 所示，运货小车刚开始停在最左边，限位开关 I0.2 为 1 状态。按下启动按钮，Q0.0 变为 1 状态，小车右行。碰到右限位开关 I0.1 时，Q0.0 变为 0 状态，Q0.1 变为 1 状态，小车改为左行。返回起始位置时，Q0.1 变为 0 状态，小车停止运行，同时 I0.2 变为 1 状态，使制动电磁铁线圈通电，接通延时定时器开始工作。定时时间到，制动电磁铁线圈断电，系统返回初始状态。

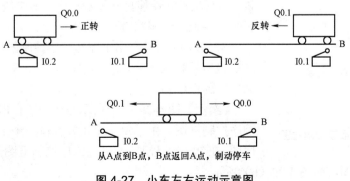

图 4-27　小车左右运动示意图

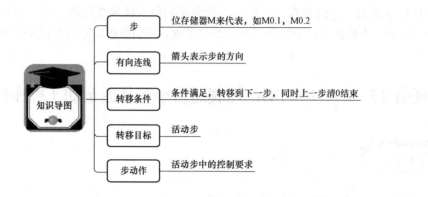

知识导图

相关知识

在生产实践中，顺序控制是指按照一定的顺序逐步执行来完成各个工序的控制方式。基本思想是将系统的一个工作周期分解成若干个顺序相连的阶段，即"步"。顺序控制框图主要由步、有向连线、转移和转移条件及步动作（或命令）组成。

（1）步：一般用位存储器 M 来代表步，如第一步用 M0.1，第二步用 M0.2，等等。

（2）有向连线：是步之间的进展，箭头表示步进展的方向。

（3）转移和转移条件：转移的符号是一条与有向连线垂直的短划线，步与步之间由转换分割。转移条件在转移符号短划线旁边用文字或符号说明。当两步之间的转移条件得到满足时，转移得以实现，即上一步的活动结束而下一步的活动开始。

（4）步动作（或命令）：控制系统的每一步都要完成某些"动作"（或命令），当该步处于活动状态时，该步内相应的动作（或命令）被执行；反之，不被执行。

1. 单流程顺序控制

在采用顺序控制时，为了直观表示出控制过程，可以绘制顺序控制框图，如图 4-28 所示。顺序控制框图有 3 个要素：转移条件、转移目标和步动作（工作任务）。转移到下一步时，要把上一步状态清 0。

S7-200 PLC 有专用于编写顺序控制的指令，而 S7-1200 PLC 没有这样的指令，可使用置位指令 S、复位指令 R 设计顺序控制程序。

【案例】图 4-29（a）所示是一个 3 台电动机启停控制的顺序控制框图，由于每一个步骤称作一个工艺，所以又称工序图。在 PLC 编程时，绘制的顺序控制框图称为顺序功能图，

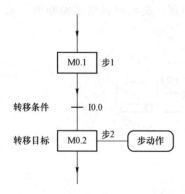

图 4-28　单流程顺序控制框图

也称为状态转移图，如图 4-29（b）所示。

步 1（M0.1）相当于工序 1，步 1 的动作是将 Q0.1 置位，对应工序 1 的工作任务——启动第一台电动机，步 1（M0.1）的转移目标是步 2（M0.2），步 3（M0.3）的转移目标是步 0

（M0.0），步 0（M0.0）用来完成准备工作，该步用双线矩形框表示。

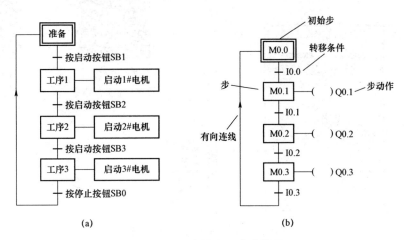

图 4-29　工序图和顺序功能图

（a）工序图；（b）顺序功能图

根据顺序功能图可以画出梯形图，如图 4-30 所示。

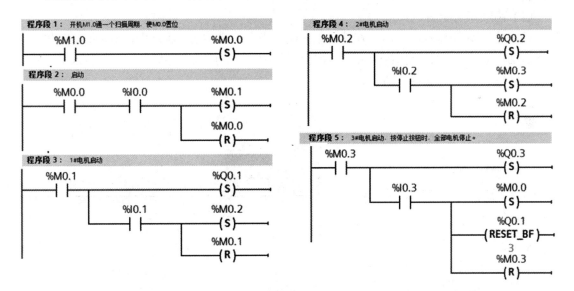

图 4-30　梯形图

2. 选择性分支顺序控制

在实际生产中，由于设备可能有 2 种或多种顺序运行模式，因此，要建立 2 条或多条运行支路，如果这些支路运行条件不同，每次只能选择执行满足条件的支路，那么，这种运行方式在顺序控制中称为选择性分支。

【案例】如图 4-31 所示，某台设备具有手动和自动两种操作方式，S 是操作方式选择开关，当 S 处于断开时，选择手动方式；当 S 处于接通状态时，选择自动方式。不同操作方式的进程如下。

115

S7-1200 PLC
顺序控制分支指令

S7-1200 PLC
顺序控制指令

图 4-31　设备手动/自动操作方式

手动方式：按启动按钮 SB1，电动机运转；按停止按钮 SB2，电动机停止。

自动方式：按启动按钮 SB1，电动机运转 1 min 后自动停止；按停止按钮 SB2，电动机立即停止。

（1）画顺序功能图。

顺序功能图如图 4-32 所示，在某时刻只能选择自动或手动一种功能，I0.0 得电动作时，选择自动；I0.0 无电时，选择手动。汇合时利用 M1.2（启用系统存储器）导通转入下一步，系统存储器的启用如图 4-33 所示。

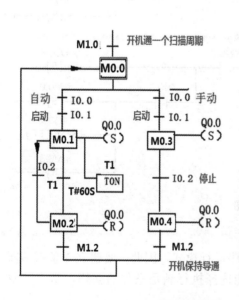

图 4-32　顺序功能图

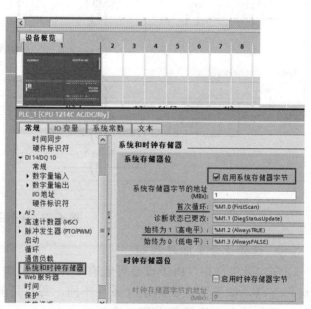

图 4-33　启用系统存储器

（2）转化为梯形图。

将顺序功能图转化为梯形图，如图 4-34 所示。

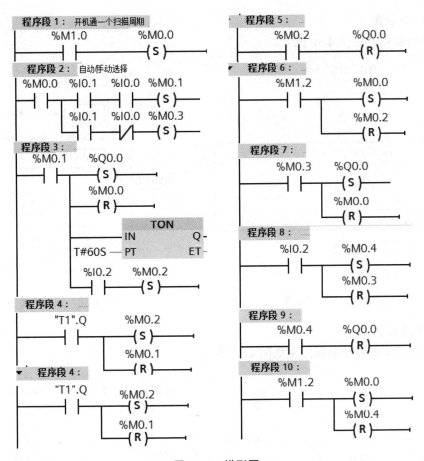

图 4-34　梯形图

任务实施

1. 列 I/O 表

I/O 分配表如表 4-4 所示。

表 4-4　I/O 分配表

输入		输出	
启动	I0.0	右行	Q0.0
行程开关 1	I0.1	左行	Q0.1
行程开关 2	I0.2	制动电磁铁	Q0.2

2. I/O 接线图

这里选用的 PLC 是 1215C DC/DC/DC，其 I/O 接线图如图 4-35 所示。

3. 顺序功能图

画顺序功能图，如图 4-36 所示。

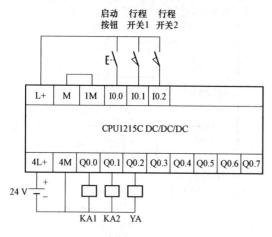

图 4-35 I/O 接线图

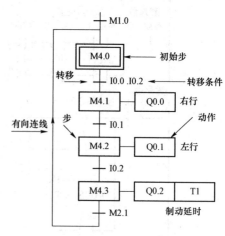

图 4-36 顺序功能图

4. 设计梯形图

根据顺序功能图设计的梯形图如图 4-37 所示。

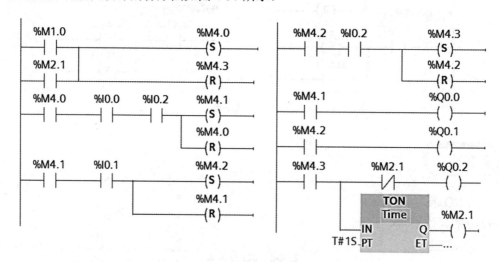

图 4-37 梯形图

任务思政

与程序的顺序控制一样，人生的出场顺序真的很重要，当你遇到的第一个人就是那种勤奋上进的人，你跟着他会学到他的品质；当你遇到的第二个人是一个有经济实力并热心帮助他人的人，他可能带你走向富裕……相反当你最先遇到的就是个不务正业好吃懒做的人，他可能会把你带坏。

任务 14　基于 FC 的 S7-1200 PLC 控制 3 台电动机启停

学习目标

- 识别数据块、组织块、功能、功能块。
- 能辨认 FC 与 FB 异同点。
- 能厘清 FC 接口和 FB 接口参数。
- 能正确设置 FC 接口参数并编写 FC 程序。

建议学时

4 课时

工作情景

一台电动机的启停控制的程序如图 4-38 所示,如果要你编写 3 台电动机的启停控制程序,能不能写一个子程序,每次调用该子程序就可以?

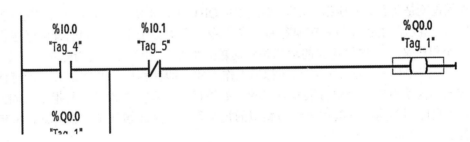

图 4-38　电动机启停控制梯形图

在工业生产的控制中,有时工艺流程复杂,控制的参数多;相应的编程,在一个程序中用线性化方法编程的工作量加大,也容易出错。故应根据工艺控制要求把控制任务分成几个子任务,几个人同时完成一个项目编程任务,提高效率。

本任务通过 3 台电动机启停的 PLC 控制的不同方法,学习用户程序结构指令的组织块（OB）、功能（FC）、功能块（FB）、数据块（DB）及结构化编程。例如:我们要去北京旅游,要考虑怎么去（交通）、去了住哪（住宿）、去做什么（购物,游玩）等。这样,"去北京旅游"的任务就被分成了"交通""住宿""购物""游玩" 4 个子任务,然后分别完成每一个子任务（订完机票就完成了"交通"任务、订完酒店就完成了"住宿"任务,等等）。当所有的子任务都完成后,整个任务也就完成了。

知识导图

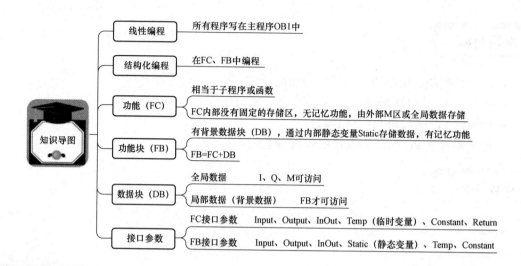

相关知识

S7-1200 PLC 的编程方式有线性编程和结构化编程。

1. 线性编程

线性编程就是所有的程序指令都写在主程序 OB1 中，以实现一个自动化控制任务，如图 4-39（a）所示。主程序按顺序执行每一条指令，它类似于电气控制的继电器逻辑，由于只有一个程序文件，软件管理的功能相对简单。但是，因为所有的指令都在一个块内，而 PLC 的工作原理采用的是顺序循环扫描工作方式，即使程序的某些部分并没有使用，每个扫描周期内所有的指令也都要执行一次。如果程序中有多个设备，其指令相同，但参数不同，也只能用不同的参数重复编写相似的控制程序，因此增加了扫描周期，影响 PLC 的稳定性。

2. 结构化编程

结构化编程在 FC、FB 中编程，通用性好，调用不同参数执行同一程序，如图 4-39（b）所示。

模块化编程是将复杂的自动化任务划分为对应于生产过程的技术功能的较小的子任务（FC 中 FB），每个子任务对应于一个称为"块"的子程序，可以通过块与块之间的相互调用来组织程序，这样的程序易于修改、查错和调试，同时编程时有分工也有合作，发挥团队精神。

3. S7-1200 PLC 的块

S7-1200 PLC 的块包括组织块（OB）、功能（FC）、功能块（FB）和数据块（DB），如图 4-40 所示，而数据块又包括全局数据块（共享数据块）和背景数据块。组织块可以包含全局数据块，可以调用功能块和功能，而功能块和功能又可以调用功能块或功能。

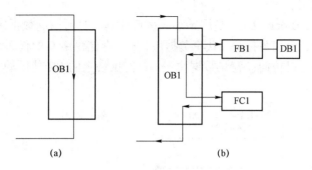

图 4-39 线性编程和结构化编程

（a）线性编程；（b）结构化编程

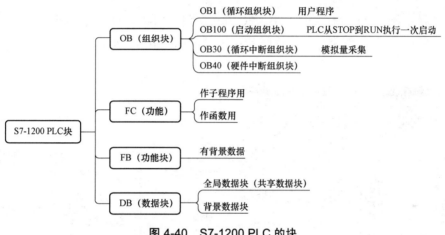

图 4-40 S7-1200 PLC 的块

（1）组织块（Organization Block，OB）是操作系统与用户程序的接口，由操作系统调用，用于控制循环扫描和中断程序的执行、PLC 的启动和错误处理等。组织块的程序是由用户编写的。每个组织块必须有唯一的 OB 编号，200 之前的某些编号是保留的，其他 OB 的编号应大于等于 200。

（2）功能（Function，FC）是用户程序编写的子程序，它包含完成特定任务的代码和参数。FC 有与调用它的块共享的输入参数和输出参数。可以在程序的不同位置多次调用同一个 FC，这可以简化重复执行的任务。功能没有固定的存储区，无记忆功能，执行结束后，其临时变量中的数据就丢失了，可以用全局数据块或 M 存储区来存储那些在功能执行结束后需要保存的数据。

（3）功能块（Function Block，FB）是用户程序编写的子程序。调用功能块时，需要制订背景数据块，它是功能块专用的存储区。CPU 执行 FB 中的程序代码，将块的输入、输出参数和局部静态变量保存在背景数据块中，以便可以从一个扫描周期到下一个扫描周期快速访问它们。功能块有固定的存储区（背景数据块），有记忆功能。在调用 FB 时，打开了对应的背景数据块，后者的变量可以供其他代码块使用。调用同一个功能块时使用不同的背景数据块，可以控制不同的设备。例如用来控制水泵和阀门的功能，使用包含特定操作参数的不同的背景数据块，可以控制不同的水泵和阀门。

（4）数据块（Data Block，DB）是用于存放执行代码块时所需的数据区，如图 4-41 所示，有两种类型的数据块：全局数据块（共享数据块）——存储供所有的代码块使用的数据，所有的 OB、FB 和 FC 都可以访问；背景数据块——存储供特定的 FB 使用的数据。

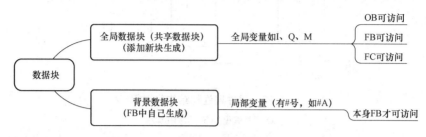

图 4-41　数据块

全局变量：如 I、Q、M，QB、FB、FC 都可访问，如图 4-42（a）所示。
局部变量：带"#"的量，只能访问 FB，如图 4-42（b）所示。

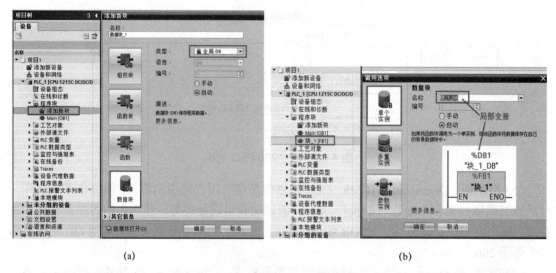

(a)　　　　　　　　　　　　　　　　　(b)

图 4-42　全局变量和局部变量

（a）全局变量；（b）局部变量

（5）形参和实参。

形参：全称为"形式参数"，是在定义函数名和函数体的时候使用的参数，目的是用来接收调用该函数时传递的参数。形参没有具体值，一般在块的方框内。

实参：全称为"实际参数"，是在调用时传递该函数的具体参数，实参一般在块的方框外。

假如我们有 1 个功能块 FB1，1 个功能 FC1，几个 FB1 的背景数据块。在 FB1 里写公式 a+b+c，这里的 a、b、c 就是形参。而在 FC1 里定义在 I0.0=1 时调用 FB1，并令 a=1，b=2，c=3，此时 1、2、3 就是实参。而定义在 I0.1=1 时调用 FB1，令 a=10，b=20，c=30，此时 10、20、30 也是实参。

举例说明：3X+2Y=5Z，当 X=48，Y=22 时，求 Z。其中 X、Y、Z 就是形参。48、22 就

是实参。

（6）FC 接口与 FB 接口的参数。

在使用 FC 和 FB 编程时，要定义接口参数，接口参数如图 4-43 所示。

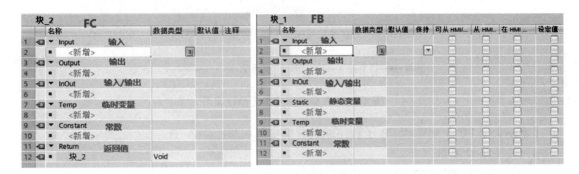

图 4-43　FC、FB 的接口参数

1）FC 接口参数含义如下。

Input：输入类型的接口，将外部的输入元件引入。程序能读它的数据，属于可读的**数据**类型。

Output：输出类型的接口，程序能通过这个接口去改写外部元件的数据，属于可写的**数据**类型。

InOut：输入输出类型接口，程序能通过它读取外部数据，也可以将内部数据写入外部的存储区。一般在执行子程序时，先将外部数据读入，执行有关的指令后，将其数据改写。先入后出。

Temp：此接口为临时性的接口，与外部没有交换，只存在于内部。它的地址是由系统分配的。Temp 参数必须先赋值后使用，一般不能保存数据，因为它的地址是变化的，不固定。

Constant：我们可以在内部定义此常数。

Return：程序的返回值。

2）FB 接口参数含义如下。

FB 与 FC 的参数基本相同，比 FC 多了一个静态变量 Static，Static 不会生成外部接口，它在 DB 中有一个绝对的唯一地址，保存一些运算中的中间变量，不让它的数据丢失，具有 InOut 的长处。

FB 中的数据，可以保存在 InOut 的外部变量中，也可以保存在 Static 变量中，即背景数据块中。

FC 的使用分为有参数调用和无参数调用，功能使用如图 4-44 所示。

有参数调用的 FC 需要从主程序 OB1 中接收参数，如图 4-44 中 FC1 所示，要定义接口参数，一般要重复调用；无参数调用是 FC 不从外部或主程序中接收参数，也不向外部发送参数，在 FC 中使用绝对地址完成程序的编程，如图 4-44 中 FC2 所示，这种方式一般用于分部结构子程序编写，不重复调用。

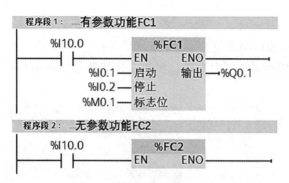

图 4-44　有参数调用和无参数调用

【案例】用 FC 子程序和 FB 子程序编程分别实现加法：C=A+B。

1. 定义接口参数

（1）定义 FC 的接口参数，如图 4-45 所示。

	名称		数据类型	默认值
1	▼ Input			
2		A	Int	
3		B	Int	
4		ST	Bool	
5	▼ Output			
6		C	Int	
7	▼ InOut			
8		<新增>		
9	▼ Temp			
10		<新增>		
11	▼ Constant			
12		<新增>		
13	▼ Return			

图 4-45　定义 FC 的接口参数

（2）定义 FB 的接口参数，如图 4-46 所示。

	名称		数据类型	默认值	保持	可从 HMI/...	从 H...	在 HMI...
1	▼ Input							
2		A	Int	0	非保持	☑	☑	☑
3		B	Int	0	非保持	☑	☑	☑
4		ST	Bool	false	非保持	☑	☑	☑
5	▼ Output							
6		C	Int	0	非保持	☑	☑	☑
7	▼ InOut							
8		<新增>						
9	▼ Static							
10		<新增>						
11	▼ Temp							
12		<新增>						
13	▼ Constant							
14		<新增>						

图 4-46　定义 FB1 的接口参数

2. 编写 FC1 程序

编写的 FC1 程序如图 4-47（a）所示。

3. 编写 FB1 程序

编写的 FB1 程序如图 4-47（b）所示。

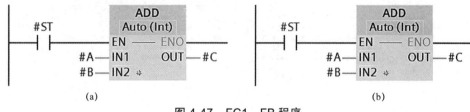

(a)　　　　　　　　　　　　　　　　　　　　(b)

图 4-47　FC1、FB 程序

（a）FC1 程序；（b）FB1 程序

4. 编写 OB1 程序

在 OB1 程序中调用 FC1 和 FB1，如图 4-48 所示。

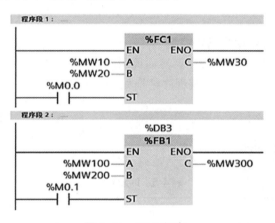

图 4-48　OB1 程序

5. 监控

M0.0 接通时执行 FC1 程序，MW30=25；执行完程序后，M0.0 断开时 FC1 程序中的结果 MW30=0，无法保存；M0.1 接通时执行 FB1 程序，MW300=68，执行完程序后，M0.1 断开时 FB1 程序中的结果 MW300=68，结果不变，能够保存，如图 4-49、图 4-50 所示。

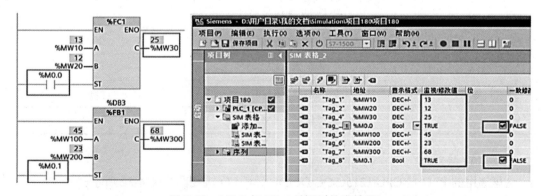

图 4-49　M0.0 与 M0.1 接通时仿真结果

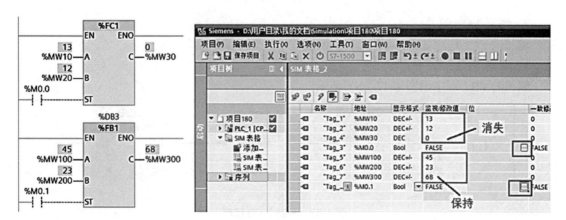

图 4-50　M0.0 与 M0.1 断开时仿真结果

任务实施

基于 FC 编程的 3 台电动机启停控制

在 FC1 中编一个电动机启停程序，然后调用不同参数实现 3 台电动机启停控制功能，其程序结构如图 4-51 所示。

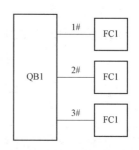

图 4-51　3 台电动机启停控制程序结构

1. 列 I/O 分配表

I/O 分配表如表 4-5 所示。

表 4-5　I/O 分配表

输入/输出	元件	PLC 端子
输入	第 1 台启动按钮 SB1	I0.1
	第 1 台停止按钮 SB2	I0.2
	第 2 台启动按钮 SB3	I0.3
	第 2 台停止按钮 SB4	I0.4
	第 3 台启动按钮 SB5	I0.5
	第 3 台停止按钮 SB6	I0.6
输出	接触器 1 KM1	Q0.1
	接触器 2 KM2	Q0.2
	接触器 3 KM3	Q0.3

2. 画 I/O 接线图

这里选用的 PLC 是 CPU 1215C DC/DC/DC，其 I/O 接线图如图 4-52 所示。

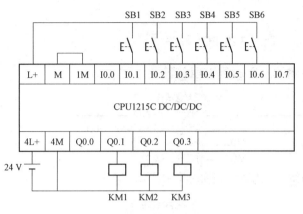

基于 FC（子程序）的
星三角降压启动的
PLC 控制

图 4-52　I/O 接线图

3．编写梯形图

（1）编写 FC 程序。

定义 FC 的接口参数，如图 4-53 所示。

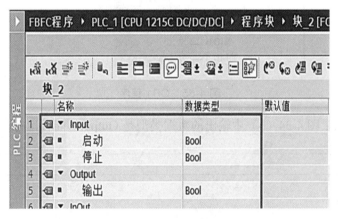

图 4-53　FC 的接口参数

　　编写 FC 程序，因电动机输出是输出类型，而自锁是输入类型，注意用标志位来过渡，如图 4-54（a）所示。也可不用标志位，但要把电动机输出定义为 InOut，如图 4-54（b）所示。

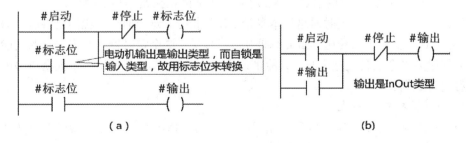

图 4-54　FC 程序

（a）使用标志位；（b）未使用标志位

127

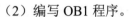

（2）编写 OB1 程序。

OB1 程序如图 4-55 所示，调用 3 次 FC1 程序。

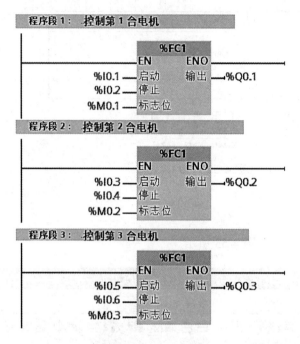

图 4-55　OB1 程序

问题讨论：如果图 4-54（b）中输出的数据类型是 Output，能否运行，为什么？

知识拓展

FC 中如何处理定时器

控制两台电机，要求用功能 FC 编程。

第 1 台电机要在按下启动按钮后 10 s 启动，按下停止按钮，马上停止。

第 2 台电机要在按下启动按钮后 15 s 启动，按下停止按钮，马上停止。

分析：如果在 FC 中有定时器这样本身带 DB 的指令，这个时候，我们要将这个 DB 数据保存到 FC 外部，需要接口传送。如果不通过接口传送，这个定时器将会失去它的功能，因为它不可以同时为多个设备进行定时，只能是调用一次 FC，在外部使用一个数据块 DB 为其定时器保存定时数据。

1. 设置 FC 接口参数表

在 InOut 接口中定义"定时器"，数据类型为 IEC_TIMER，在 Input 接口中定义"定时时间"，数据类型是 Time，如图 4-56 所示。

注意：将定时器调入程序段时，系统会提示要在系统中生成一个 DB。这个时候，要选择"取消"，即不用定时器本身的背景数据块，用全局数据块。

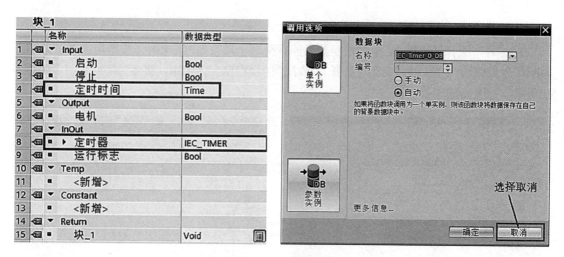

图 4-56　FC 接口参数表

2. 编写 FC 程序

在组态定时器时，出现下面的画面：将接口中的"定时器"拖入 TON 的 DB 位置，如图 4-57 所示，FC1 的梯形图如图 4-58 所示。

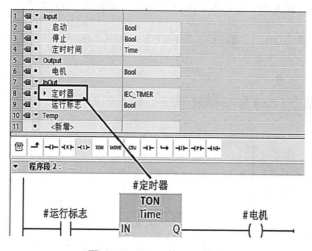

图 4-57　TON 的 DB 位置

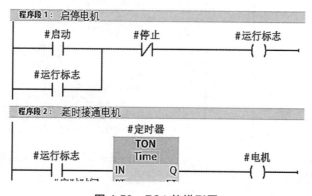

图 4-58　FC1 的梯形图

3. 新建数据块

在 FC 中，无背景数据块，定时器参数只能存外部全局数据，新建两个数据块："数据块_1"[DB1]、"数据块_2"[DB2]（全局数据），数据类型是 IEC_TIMER，新建"数据块_1"如图 4-59 所示，同理新建"数据块_2"。

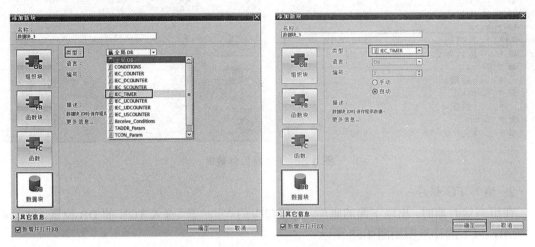

图 4-59　新建数据块_1[DB1]、数据块_2[DB2]

建成后的数据块_1[DB1]、数据块_2[DB2]如图 4-60 所示，它们是在系统块中，不是在程序块中。

4. OB1 调用 FC 函数

在 OB1 中调用两个 FC 函数，并填好实参，梯形图如图 4-61 所示，仿真结果如图 4-62、图 4-63 所示。

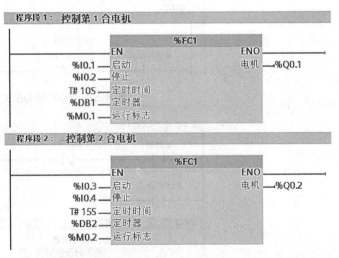

图 4-60　建成后的数据块_1[DB1]、
　　　数据块_2[DB2]

图 4-61　OB1 中调用 FC1

图 4-62 第 1 台电动机控制仿真的结果

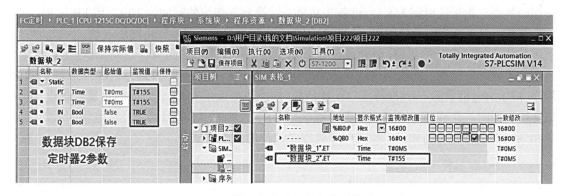

图 4-63 第 2 台电动机控制仿真的结果

任务思政

编写复杂 PLC 程序之前一定要先规划好 OB、FC、FB 实现什么功能；规划程序就像规划人生一样，做好职业生涯规划和人生构思布局，脚踏实地，一步一个脚印实现自己人生的目标。

学习 OB、FC、FB 指令，可以通过块与块之间的相互调用来组织程序。这样的程序易于修改、查错和调试。就像如何处理好个人、集体与他人的利益关系，处理好局部与全局关系。同时编程时有分工也有合作，需要发挥团队精神。将不同的学生组合在一起构成一个整体，进而培养学生的团队意识和集体荣誉感。

任务 15 基于 FB 的 S7-1200 PLC 控制电动机星三角启动

学习目标

- 通过任务进一步理解 FC 与 FB 的区别。
- 会正确设置 FB 接口参数中定时器的数据类型。

- 能理解启动组织块 OB100 的作用。
- 会编写含有定时器的 FB 程序。

基于 FB（背景数据）
的星三角降压
启动的 PLC 控制

建议学时

4 课时

工作情景

某一车间，有 2 台设备由 2 台电动机带动，2 台电动机都要实现星三角启动，设备 1 从星形转换到三角形的时间为 8 s，设备 2 从星形转换到三角形的时间为 10 s，用 FB 编程。

分析：由于 2 台电动机按照不同的时间序列，都是要实现星–三角降压启动，因此，可以采用结构化程序设计的思路，单独设计一个功能块来实现星–三角降压启动，而在主程序中，实现按不同时间序列，两次调用该功能块即可。其程序结构如图 4-64 所示，OB100 是初始化程序，FB1 为电机星形-三角形降压启动功能块，功能块被调用时，生成对应的背景数据块 DB1；第 2 次调用时，生成第 2 个对应的背景数据块 DB2。因此，本项目将涉及功能块的编辑、生成和调用方法等相关的知识，按时间序列程序设计的基本方法。

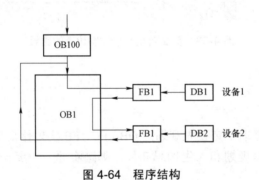

图 4-64　程序结构

知识导图

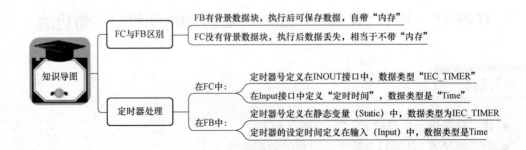

相关知识

FC 与 FB 的区别

（1）FB 有背景数据块，执行后，背景数据块中数据不丢失，相当于自带"内存"；FC 没有背景数据块，执行后数据丢失，相当于不带"内存"，如图 4-65 所示。

图 4-65　FC 与 FB 区别

（2）只能在 FC 内部访问它的局部变量，其他代码块或 HMI 可以访问 FB 的背景数据块中的变量。

（3）FC 没有静态变量，FB 有保存在背景数据块中的静态变量。FC 如果有执行完后需要保存的数据，只能存放在全局变量中（如全局数据块 DB 和 M 中），但这样会影响功能的可移植性。

（4）FC 的局部变量没有初始值，调用 FC 时应给所有的形参指定实参。FB 的局部变量（不包含 Temp）有默认值（初始值），在调用 FB 时如果没有设置某些输入、输出参数的实参，将使用背景数据块中的初始值。

FC 与 FB 之间的主要区别是，FC 使用的是共享数据块，FB 使用的是背景数据块；

它们参数的传递方式不同，FB 的输入/输出对应着背景数据块地址，而 FC 的输入/输出是没有实际地址对应的，只有程序调用时，才会和实际的地址产生对应关系。FB 参数传递的是数据，FC 参数传递的是数据的地址。

例如，如果要对 3 个参数相同的电动机进行控制，那么只需要使用 FB 编程外加 3 个背景数据块就可以了。但是，如果使用 FC，就需要不断地修改共享数据块，否则会导致数据丢失，FB 确保了 3 个电动机的参数互不干扰。

任务实施

1. 列 I/O 分配表

PLC 的 I/O 分配表如表 4-6 所示。

表 4-6　I/O 分配表

输入/输出	元件	PLC 端子
输入	设备 1 启动按钮 SB1	I0.0
	设备 1 停止按钮 SB2	I0.1
	设备 2 启动按钮 SB3	I0.2
	设备 2 停止按钮 SB4	I0.3
输出	设备 1 主接	Q0.0
	设备 1 星接	Q0.1
	设备 1 三角接	Q0.2

续表

输入/输出	元件	PLC 端子
输出	设备 2 主接	Q0.3
	设备 2 星接	Q0.4
	设备 2 三角接	Q0.5

2. 画 I/O 接线图

PLC 的 I/O 接线图如图 4-66 所示。

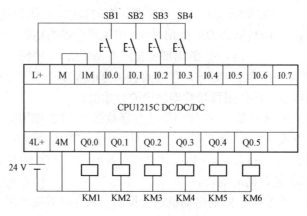

图 4-66 PLC 的 I/O 接线图

3. 组态 PLC

组态好 CPU1215C DC/DC/DC 项目，如图 4-67 所示。

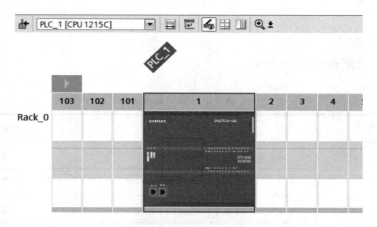

图 4-67 组态 PLC 项目

4. 添加函数块 FB1

打开项目树，双击其中的"添加新块"，如图 4-68 所示，单击打开的对话框的"函数块 FB"，FB 默认的编号为 1，语言为 LAD。设置函数块的名称为"块_1"，单击"确认"按钮，

自动生成 FB1，如图 4-69 所示。"设备 1〔DB2〕"和"设备 2〔DB3〕"是在 OB1 调用 FB1 时
自动生成的背景数据块。

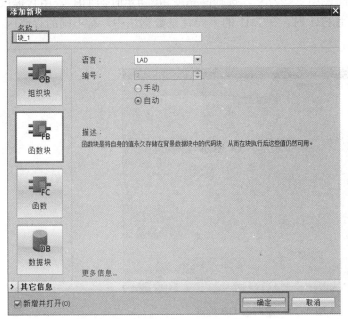

图 4-68　添加函数块 FB1 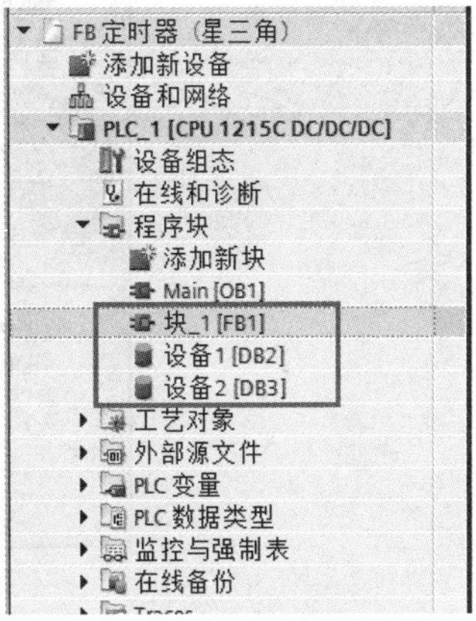　　　　　　　　　　图 4-69　生成 FB1 块

5. 设定 FB1 接口参数

注意：在 FB 中有背景数据块，在接口参数中，定时器定义在静态变量（Static）中，数
据类型为 IEC_TIMER；设定时间定义在输入（Input）中，数据类型是 Time，如图 4-70 所示。

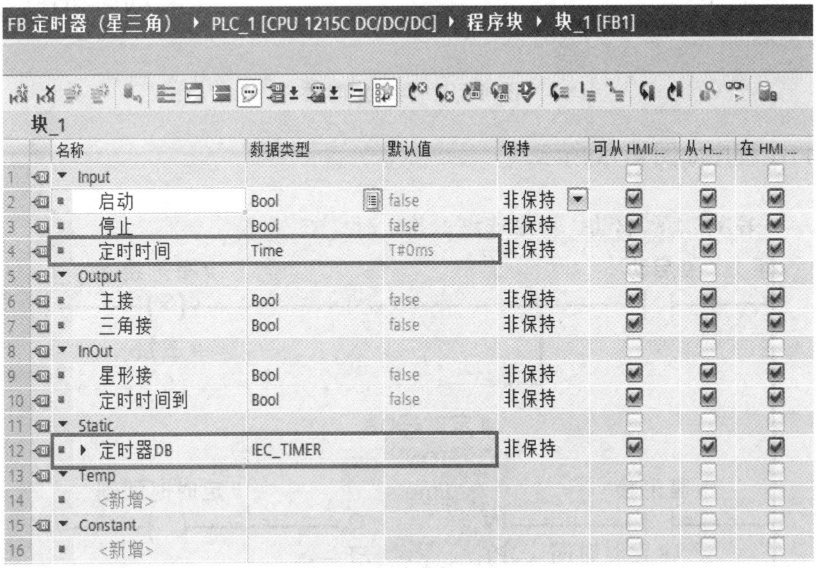

图 4-70　设定 FB1 接口参数

135

6. 编写 FB1 程序

将定时器调入程序段时，系统会提示要在系统中生成一个 DB 块。这个时候，要选择"取消"，如图 4-71 所示。双击 TON 图中"<???>"，选择静态变量"#定时器 DB"，用它提供定时器 TON 的背景数据，每次调用 FB1 时，在 FB1 的不同背景数据块中，有不同的存储区"#定时器 DB"，如图 4-72 所示。

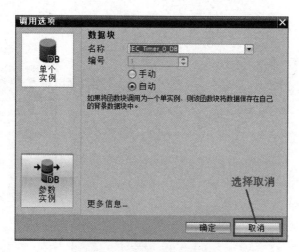

图 4-71　定时器 DB 处理

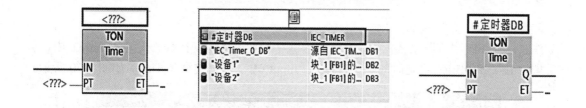

图 4-72　调用定时器

编写的 FB1 程序如图 4-73 所示。

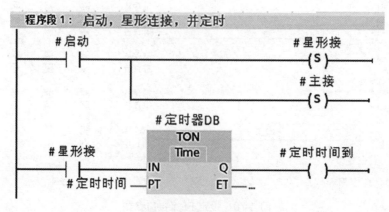

图 4-73　FB1 程序

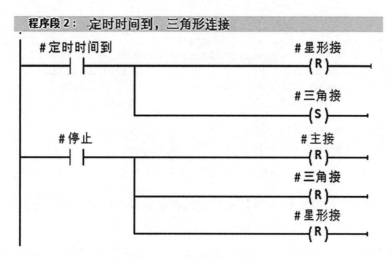

图 4-73　FB1 程序（续）

7. 启动组织块 OB100 程序

启动组织块 OB100 程序，如图 4-74 所示，PLC 上电时，使输出 QB0 清 0。

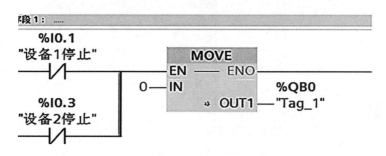

图 4-74　OB100 程序

8. 编写 OB1 程序

设备 1 调用 FB1 一次，生成 DB2 背景数据块；设备 2 调用 FB1 一次，生成 DB3 背景数据块，OB1 程序如图 4-75 所示。

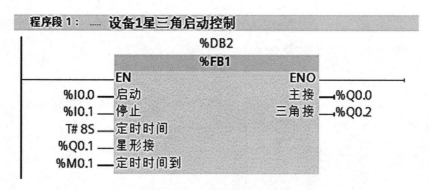

图 4-75　OB1 程序

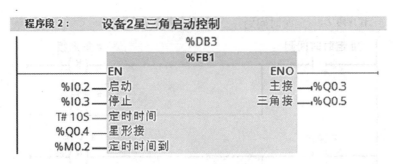

图 4-75　OB1 程序（续）

设备 1 数据块仿真结果如图 4-76 所示，定时器参数保存在背景数据块的静态变量中，定时时间是 8 s。

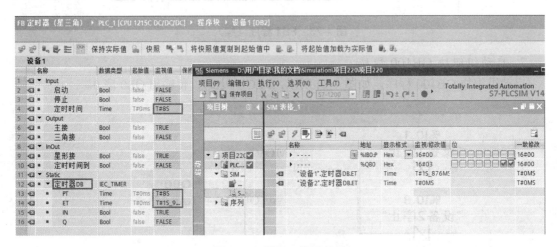

图 4-76　设备 1 仿真结果

设备 2 数据块仿真结果如图 4-77 所示，定时器参数保存在背景数据的静态变量中，定时时间是 10 s。

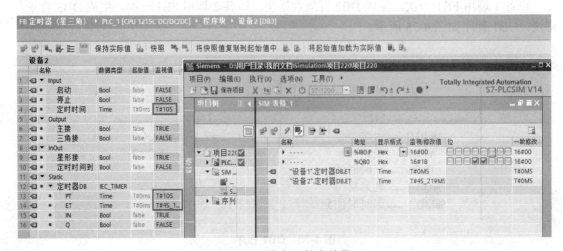

图 4-77　设备 2 仿真结果

问题讨论：比较 FC 和 FB 控制中，定时器号和定时时间数据类型、存储地址以及定时器数据存储的情况。

任务思政

FB 使用背景数据块（局部 DB）作为存储区，FC 没有独立的存储区，使用共享数据块（全局 DB）或 M 区；如果把 FB 的背景数据块比喻成私家单车，FC 的共享数据块就可看成共享单车。共享单车的出现，在交通拥堵的今天，给大家的出行提供更多的便利，这是一件充满人文关怀、现代环保意识的好事情，反映了人们对共享的新认知和新创举；同时共享单车是一个互帮互助的道义行为，是一种分享，是一种融入，是一种参与，而不是自以为是的狭隘，不是用自我的心态对社会的索取与占有。"共享"体现了传统文化中诚信、道义、分享的价值观念，成为继承和弘扬优秀传统文化最好的见证与实践。

任务 16　S7-1200 PLC 的中断指令应用

学习目标

S7-1200 PLC
中断指令应用

- 理解中断概念。
- 会组态循环中断 OB30。
- 能用中断循环指令 OB30 编写程序。

建议学时

4 课时

工作情景

使用 S7-1200 PLC 实现电动机断续运行的控制，要求电动机在启动后，工作 3 h，停止 1 h，再工作 3 h，停止 1 h，如此循环；当按下停止按钮后立即停止运行。系统要求使用循环中断组织块实现上述工作和停止时间的延时功能。

知识导图

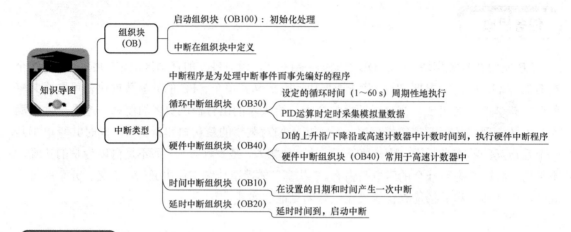

相关知识

中断是指 PLC 在正常运行主程序时，由于内部/外部事件或由程序预先安排的事件，引起 CPU 中断正在运行的程序，而转到中断程序中去，执行完中断组织块后，返回被中断的程序的断点处继续执行原来的程序。这意味着部分用户程序不必在每次循环中处理，而是在需要时才被及时处理。处理中断事件的程序放在该事件驱动的 OB 中。

在定位控制中，高速计数器采用硬件中断（OB40）的方式对从编码器出来的高速脉冲进行处理；在流程控制的数据采集中用到循环中断指令（OB30）来定时采集温度、压力等模拟量。

1. 事件与组织块

（1）启动组织块的事件。

组织块是操作系统与用户程序的接口，出现启动组织块的事件时，由操作系统调用对应的组织块。如果当前不能调用 OB，则按照事件的优先级将其保存到队列。如果没有为该事件分配 OB，则会触发默认的系统响应。

（2）事件执行的优先级与中断队列。

事件一般按优先级的高低来处理，先处理高优先级的事件。优先级相同的事件按"先来先服务"的原则处理。如果设置为 OB 可中断模式，更高优先级的事件将中断正在运行的 OB。各事件有默认的组织块，此外还可以生成编号≥123 的组织块。

（3）用 DIS_AIRT 与 EN_AIRT 指令禁止与激活中断。

可以用指令 DIS_AIRT 延时处理优先级高于当前组织块的中断 OB，调用指令 EN_AIRT 以前调用 DIS_AIRT 延时的组织块。

（4）程序循环组织块（Program cycle）。

需要连续执行的程序应放在主程序 OB1 中，CPU 在 RUN 模式时循环执行 OB1，可以在 OB1 中调用 FC 和 FB。如图 4-78 所示，如果用户程序生成了其他程序循环 OB，CPU 按 OB 编号的顺序执行它们，首先执行主程序 OB1，然后执行编号≥100 的程序循环 OB。一般只需要一个程序循环组织块。

图 4-78　生成组织块 OB123

（5）启动组织块（Startup）。

启动组织块用于初始化，CPU 从 STOP 切换到 RUN 时，执行一次启动 OB。执行完后，开始执行程序循环 OB1。允许生成多个启动 OB，默认的是 OB100，如图 4-79 所示；其他的启动 OB 的编号应≥200。一般只需要一个启动组织块。

图 4-79　生成启动组织块 OB100

2. 中断类型

（1）循环中断组织块（Cyclic interrupt）。

如图 4-80 所示，循环中断组织块以设定的循环时间（1～60 000 ms）周期性地执行，而与程序循环 OB 的执行无关。循环中断和延时中断组织块的个数之和最多允许 4 个，循环中断 OB 的编号应为 30～38，或≥123。

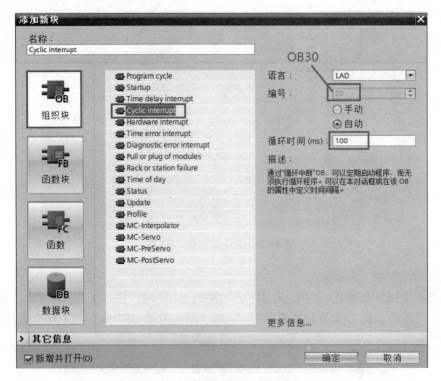

图 4-80　生成循环中断组织块 OB30

注意：循环中断指令 OB30 常用于 PID 运算时定时采集模拟量数据。

（2）时间中断组织块。

时间中断用于在设置的日期和时间产生一次中断，或从设置的日期时间开始，周期性地重复产生中断。时间中断 OB 的编号应为 10～17，或≥123。

（3）硬件中断组织块（Hardware interrupt）。

如图 4-81 所示，硬件中断事件包括 CPU 内置和信号板的数字量的上升沿/下降沿事件，高速计数器的实际计数值等于设定值、计数方向改变和外部复位输入信号的上升沿事件发生时产生硬件中断。最多可以生成 50 个硬件中断 OB，其编号应为 40～47，或≥123。

注意：硬件中断组织块 OB40 常用于高速计数器中。

（4）延时中断组织块（Time delay interrupt）。

如图 4-82 所示，延时中断 OB 的编号为 20～23，或≥123。在 PLC 输入端子的上升沿调用延时中断 OB20，调用指令 SRT_DINT，延时一定的时间。时间范围为 1～60 000 ms，精度为 1 ms。调用"读取本地时间"指令 RD_LOC_T，读取启动延时的时间，用 DB1 中的变量 DT1 保存。

图 4-81　生成硬件中断组织块 OB40

图 4-82　延时中断组织块

任务实施

1. 列 I/O 分配表

根据 PLC 输入/输出点分配原则及本任务控制要求，对本任务进行 I/O 地址分配，I/O 分配表如表 4-7 所示。

表 4-7　I/O 分配表

输入/输出	元件	PLC 端子
输入	启动按钮	I0.0
	停止按钮	I0.1
	过载保护	I0.2
输出	接触器	Q0.0

2. 画 I/O 接线图

这里选用的 PLC 是 CPU 1215C DC/DC/DC，PLC 的 I/O 接线图如图 4-83 所示。

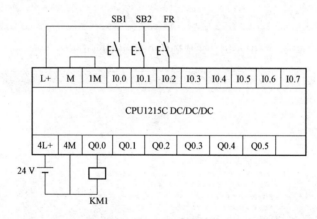

图 4-83　I/O 接线图

3. 编辑变量表

定义的变量如图 4-84 所示。

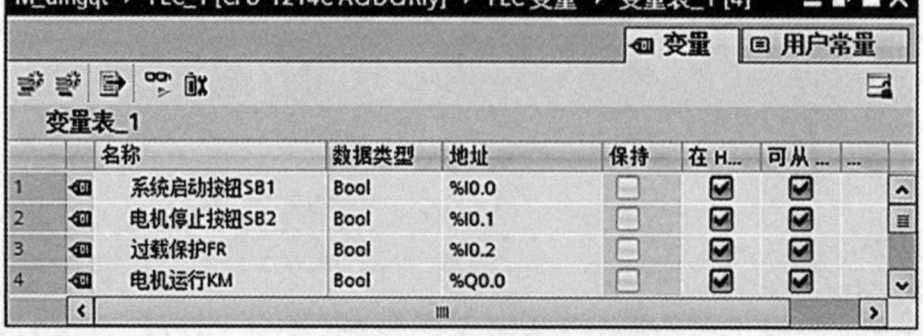

图 4-84　定义变量表

4. 编写梯形图

启动组织块 OB100 对中断循环计数值 MW100 清 0。

（1）OB100 程序如图 4-85 所示。

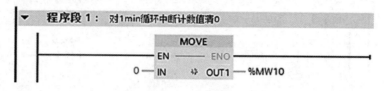

图 4-85　OB100 程序

（2）生成 OB30，如图 4-86 所示，双击其中的"添加新块"，单击打开的对话框中的"组织块"按钮，选中列表中的 Cyclic interrupt，生成一个循环中断组织块 OB30，循环时间设置为 6 000 ms 即 1 min。

图 4-86　生成 OB30

（3）编写 OB30 程序，在循环中断组织块中对循环中断次数进行计数，当计数值为 240 次，即 4 h 时对计数值 MW10 清 0，其程序如图 4-87 所示。

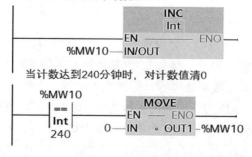

图 4-87　OB30 程序

（4）编写 OB1 程序，在主程序 OB1 中主要完成电动机的继续运行控制，即系统启动后时间小于 3 h 时电动机运行，时间在 3～4 h 之间时电动机停止运行，并如此循环工作，其程序如图 4-88 所示。

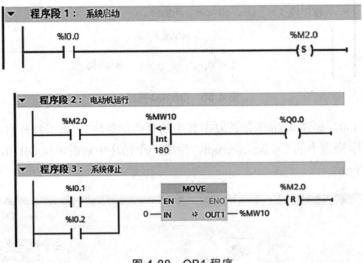

图 4-88　OB1 程序

任务 17　S7-1200 PLC 的运算指令应用

- 能用加、减、乘、除、转换指令编写程序。
- 进一步理解数据类型的表示含义。

建议学时

4 课时

工作情景

在 PLC 控制的恒压供水系统中，要用到模拟量采集和数据处理，为了使控制系统稳定工作，要运用 PID 运算（比例、积分、微分）。水箱水量控制的 PID 示意图如图 4-89 所示，为了满足需求，实现过程控制、数据处理等，需要算术运算、逻辑运算和转换等特殊功能的指令。现在恒压供水系统的远程压力变送器的量程为 0～10 MPa，输出信号为 0～10 V，被 IW64 转换为 0～27 648 的数字 N，试求以 kPa 为单位的压力值。

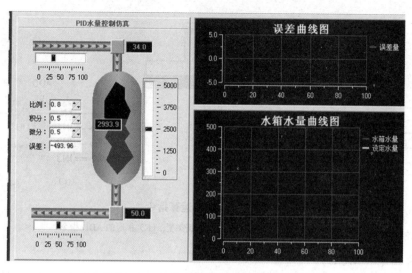

图 4-89　水箱水量控制的 PID 示意图

知识导图

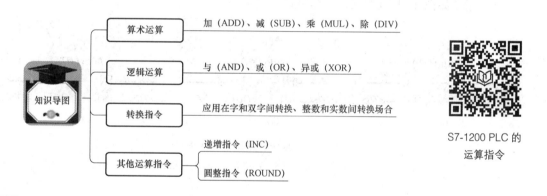

相关知识

1. 加法指令（ADD）

S7-1200 的 ADD 指令可以从 TIA 博途软件右边指令窗口的"基本指令"下的"数学函数"中直接添加，如图 4-90（a）所示。使用 ADD 指令，根据 4-90（b）所示选择数据类型，将输入 IN1 的值与输入 IN2 的值相加，并在输出 OUT（OUT = IN1+IN2）处查询总和。

在初始状态下，指令框中至少包含两个输入（IN1 和 IN2），单击图符扩展输入数目，如图 4-90（c）所示，在功能框中按升序对插入的输入进行编号，执行该指令时，将所有可用输入参数的值相加，并将求得的和存储在输出 OUT 中。

2. 减法指令（SUB）

如图 4-91（a）所示，可以使用 SUB 指令从输入 IN1 的值中减去输入 IN2 的值，并在输出 OUT（OUT = IN1–IN2）处查询差值。SUB 指令的参数与 ADD 指令相同。

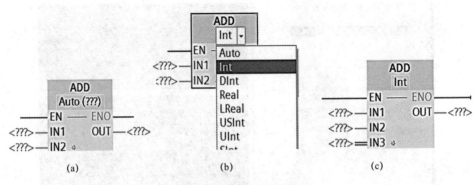

图 4-90　加法运算指令

（a）基本的 ADD 指令；（b）选择数据类型；（C）扩展的 ADD 指令

3. 乘法指令（MUL）

如图 4-91（b）所示，可以使用 MUL 指令将输入 IN1 的值乘以输入 IN2 的值，并在输出 OUT（OUT = IN1*IN2）处查询乘积。同 ADD 指令一样，可以在指令功能框中展开输入的数字，并在功能框中以升序对插入的输入进行编号。

4. 除法指令（DIV）

DIV 指令如图 4-91（c）所示，返回除法的商。

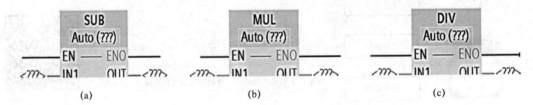

图 4-91　减法、乘法、除法指令

（a）减法指令；（b）乘法指令；（c）除法指令

5. 递增指令（INC）

如图 4-92（a）所示，执行递增指令时，参数 IN/OUT 的值被加 1，如用 INC 指令来计 I0.0 动作的次数，应在 INC 指令之前添加上升沿指令，否则在 I0.0 为 1 时的每个扫描周期，MW2 都要加 1；如有上升沿指令，I0.0 通一次，就加 1 一次，递增指令仿真结果如图 4-93 所示。

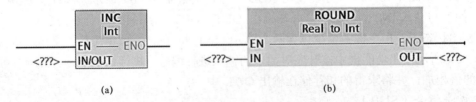

图 4-92　递增指令和圆整指令

（a）递增指令；（b）圆整指令

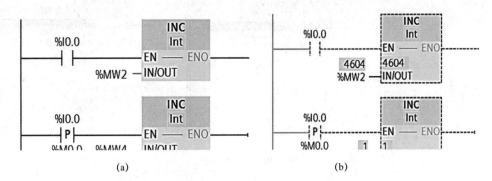

图 4-93　递增指令仿真结果

（a）递增指令；（b）递增指令仿真运行

6. 圆整指令（ROUND）

如图 4-92（b）所示，执行该指令，输出 OUT 四舍五入去掉小数点，变成整数，圆整指令仿真结果如图 4-94 所示。

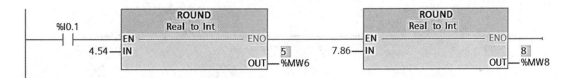

图 4-94　圆整指令仿真结果

7. 逻辑运算指令

逻辑运算指令对两个输入 IN1 和 IN2 逐位进行逻辑运算，结果存在 OUT 中，如图 4-95 所示。

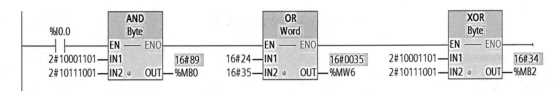

图 4-95　逻辑运算指令

8. 转换指令（CONV）

如图 4-96 所示，转换指令读取参数 IN 的内容，并根据指令功能框中选择的数据类型对其进行转换。转换的值将发送到输出 OUT 中。可以从指令功能框的"<???>"下拉列表中为该指令选择数据类型。转换指令用在运算中字和双字间转换、整数和实数间转换场合。

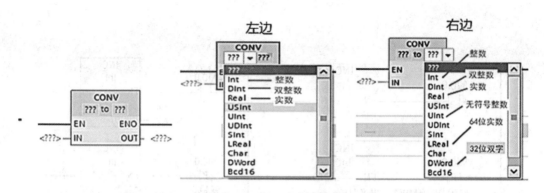

图 4-96　转换指令

【**案例**】转换指令在转换时正、误案例如图 4-97 所示，注意转换前后数据类型。

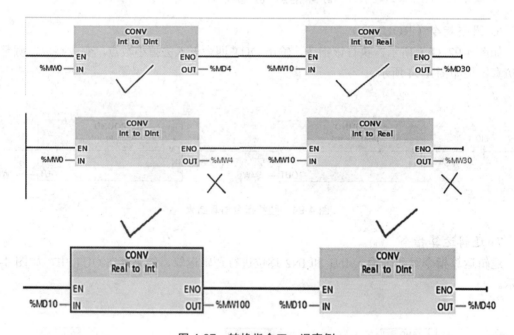

图 4-97　转换指令正、误案例

任务实施

压力变送器的量程为 0～10 MPa，输出信号为 0～10 V，通过 A/D 模块转换为 0～27 648 的数字 N，试求以 kPa 为单位的压力值。压力与电压关系如图 4-98（a）所示，数字量与电压关系如图 4-98（b），从关系图可得出下列式子。

$$P = (10\ 000\ N)/\ 27\ 648 (kPa)$$

梯形图如图 4-99 所示，临时变量"#Temp1"的数据类型为 DInt，在运算时一定要先乘后除，应使用双整数乘法和除法。为此首先用 CONV 指令将 IW64 转换为双整数。

画 I/O 接线图。

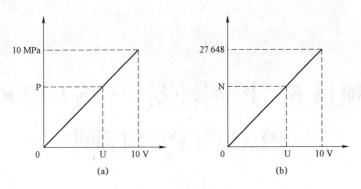

图 4-98　压力、电压与数字量关系

（a）压力—电压；（b）数字量—电压

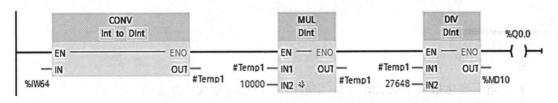

图 4-99　梯形图

I/O 接线图如图 4-100 所示，注意压力变送器接在模拟量输入通道 0，其地址是 IW64，这个地址是组态时设定的地址。

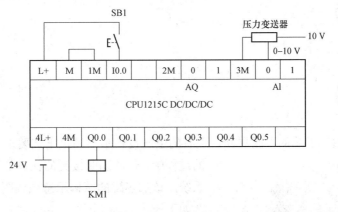

图 4-100　I/O 接线图

编写程序。

任务思政

我国数学发展历史源远流长，古代南北朝数学家祖冲之推算出圆周率的真值比欧洲要早一千多年。他不仅在数学界出名，还是伟大的天文学家。近代中国数学家也为中国社会经济发展做出了巨大贡献，华罗庚开创了中国的近代数学；陈省身是现代微分几何的开拓者，曾获数学界终身成就奖；陈景润"哥德巴赫猜想"勇攀科学高峰的故事激励着一代又一代的青年人。"神威·太湖之光"超级计算机，是世界上首个峰值运算速度超过十亿亿次的超级计算机。

项目 5　控制神器——S7-1200 PLC 的 PID 控制

任务 18　S7-1200 PLC 的模拟量处理指令应用

学习目标

- 理解标准化指令（NORM_X）、缩放指令（SCALE_X）含义。
- 会用调压器（0～10 V）改变 PLC 内部数字量（0～27 648）对应显示。
- 能用 NORM-X 指令和 SCALE-X 指令编写工程量与数字量或实数转换的梯形图。
- 能有效地在线监控 NORM-X 和 SCALE-X 指令的输入/输出值。

建议学时

4 课时

工作情景

某工厂随着生产工艺的不断更新，现有的生产设备不能满足工艺要求，在升级改造设备的过程中，你的团队接到的任务是制作一个工厂热水系统，该加热罐的结构示意图如图 5-1 所示，控制工艺如下：

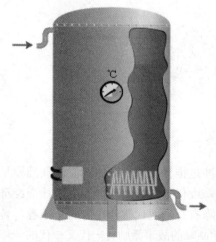

图 5-1　加热罐的结构示意图

（1）加热罐采用电加热，加热器额定功率为 2 kW；

（2）控制器采用西门子 S7-1200 PLC；

（3）进水口水温不高于 30 ℃；

（4）出水口温度要求 40±0.3 ℃；

设温度传感器选用测量范围为 0～100 ℃的 PT100 温度传感器，温度变送器测量范围是−50～100 ℃，变送转为 0～10 V 信号。

请你和你的团队一起，使用实训设备模拟，完成以下任务：

（1）对照控制要求，绘制 PLC 模拟量输入部分的接线图；

（2）编写 PLC 程序，读取水箱温度，把温度值存放在 MD204 中，在触摸屏上显示。

知识导图

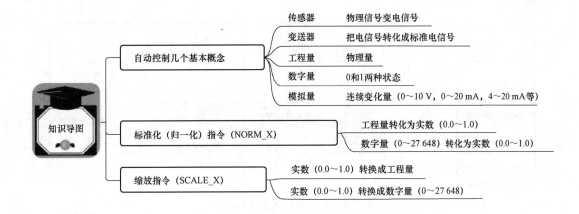

相关知识

1. 自动控制的几个基本概念

（1）传感器：是将物理信号转换为不规则电信号的器件。

（2）变送器：是将非标准电信号转换为标准电信号的器件。（0～10 V 或 0～20 mA）

（3）工程量：通俗地说是指物理量，如温度、压力、流量、转速等。

（4）模拟量：是指 0～10 V、0～20 mA、4～20 mA 这样的电压或电流电信号，是连续变化的量。

（5）数字量：数字量只有 0 和 1 两种状态量。

S7-1200 PLC 模拟量 0～10 V 或 0～20 mA 信号对应的数字量范围是 0～27 648，4～20 mA 信号对应的数字量范围是 5 530～27 648，如图 5-2 所示。

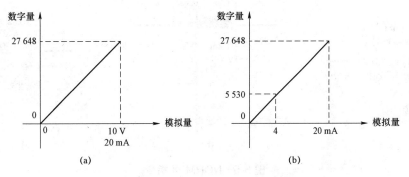

图 5-2 电压（电流）量与数字量关系

（a）0～10 V 或 0～20 mA；（b）4～20 mA

模拟量控制的系统比较复杂，其系统组成如图 5-3 所示。PLC 所采用的运算方式有比例（P）运算、比例积分（PI）运算、比例微分（PD）运算及比例积分微分（PID）运算。

要用 PLC 进行 PID 控制时，必须先学习 S7-1200 PLC 中两个模拟量信号处理指令，一个是标准化指令（NORM_X），也称归一化指令；另一个是缩放指令（SCALE_X），它们是 PID 运算前后要处理模拟量的指令。

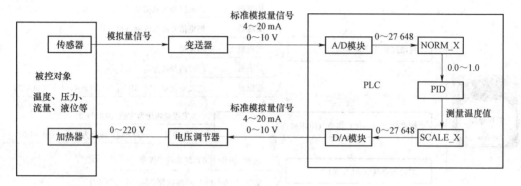

图 5-3　模拟量控制系统示意图

2. 标准化指令 NORM_X

NORM_X 指令功能是把工程量或数字量转化为实数（0.0～1.0），如图 5-4 所示。

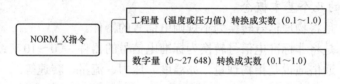

图 5-4　NORM_X 指令功能

NORM_X 指令如图 5-5 所示。

在 NORM_X 指令框图中：MIN 是工程值或数字量下限，MAX 是工程值或数字量上限，VALUE 是待转换值，OUT 是转换后结果。

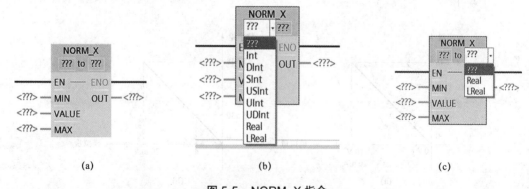

图 5-5　NORM_X 指令

（a）基本参数；（b）输入口支持的数据类型；（c）输出口支持的数据类型

单击图 5-5（a）所示 to 左边的问号，弹出下拉列表如图 5-5（b）所示，这是 NORM_X 指令输入口所支持的数据类型。单击 to 右边的问号，弹出下拉列表如图 5-5（c）所示，这是 NORM_X 指令输出口所支持的数据类型。

MIN 引脚和 MAX 引脚用来设定输入标准模拟量信号对应 PLC 内部的数据，如果标准模拟量信号是 0～10 V，则 MIN 引脚设为 0，MAX 引脚设为 27 648；如果标准模拟量信号是 4～20 mA，则 MIN 引脚设为 5 530，MAX 引脚设为 27 648。

VALUE 引脚是模拟量输入端，系统默认通道 0 的地址是 IW64，通道 1 的地址是 IW66，通道地址可以自定义，这里就不详细介绍。

OUT 引脚是该指令的输出端，正确设置各引脚后，OUT 引脚会输出一个 0.0～1.0 的数据。在实际应用中，不管采集的是温度信号，还是压力、流量、液位、PH 值等信号，都会通过该指令将模拟值转换为标准的 0.0～1.0 工程单位，这就是标准化指令名称的由来。

数字量 2 000 转换成实数 0.072 337 96 如图 5-6（a）所示，把工程量 50 ℃温度（温度范围 10～100 ℃）转换成实数 0.444 444 4，如图 5-6（b）所示。

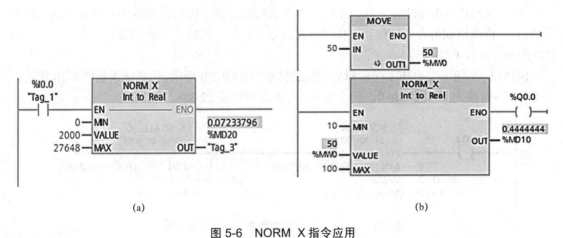

图 5-6　NORM_X 指令应用

（a）数字量变实数；（b）工程量变实数

3. 缩放指令（SCALE_X）

SCALE_X 指令功能是把实数（0.0～1.0）转换成工程量或数字量，如图 5-7 所示。

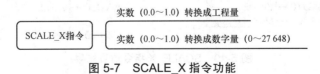

图 5-7　SCALE_X 指令功能

SCALE_X 指令如图 5-8 所示，在 SCALE_X 指令框图中：MIN 是工程值或数字量下限，MAX 是工程值或数字量上限，VALUE 是待转换值，OUT 是转换后结果。

单击图 5-8（a）中 to 左边的问号，弹出下拉列表如图 5-8（b）所示，这是 SCALE_X 指令输入口所支持的数据类型。单击图 5-8（a）中 to 右边的问号，弹出下拉列表如图 5-8（c）所示，这是 SCALE_X 指令输出口所支持的数据类型。

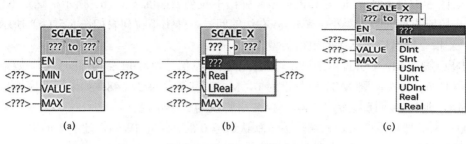

图 5-8　SCALE_X 指令

（a）基本参数；（b）输入口支持的数据类型；（c）输出口支持的数据类型

MIN 引脚和 MAX 引脚用来输入被测物理量的最小值和最大值，例如：如果输入标准模拟量为 4 mA 所对应的温度是 0 ℃，20 mA 所对应的温度是 100 ℃，则 MIN 引脚设为 0，MAX 引脚设为 100。

VALUE 引脚是该指令输入端，一般情况下直接读取 NORM_X 指令的输出值。

OUT 引脚是该指令的输出端，正确设置各引脚后，该引脚输出实际的测量值（通常称为反馈值）。读出反馈值有两种作用，作用一是传给上位机，实时显示生产数据；作用二是传给 PID 指令，进行 PID 运算。

SCALE_X 指令实数转工程量和数字量的梯形图如图 5-9 所示，仿真结果如图 5-10 所示，把实数 0.6 转换为工程量 680.0，把实数 0.8 转换成数字量 22 358。

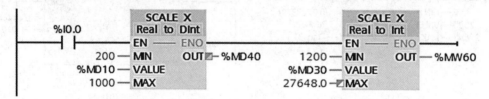

图 5-9　SCALE_X 指令实数转工程量和数字量

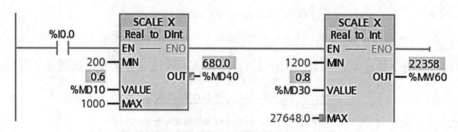

图 5-10　SCALE_X 指令仿真结果

【案例】某温度变送器量程为 0～850 ℃，输出信号是 4～20 mA，模拟量 IW96 将 0～20 mA 电流信号转化为 0～27 648，其转换关系如图 5-11 所示，求 IW96 是 20 000 数字量时的温度值（在触摸屏显示温度）。

由于 S7-1200 PLC 的 A/D 转换模块是把 0～20 mA 电流信号转化为 0～27 648，4～20 mA 时对应的数字量是 5 530～27 648，如图 5-11 所示。转换的梯形图如图 5-12 所示，仿真结果如图 5-13 所示，数字量是 20 000 时的温度值约为 486.93 ℃。

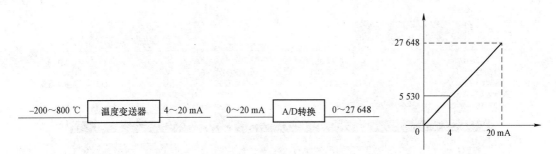

图 5-11　转换关系

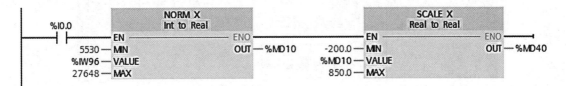

图 5-12　梯形图

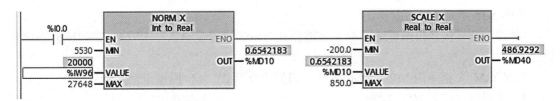

图 5-13　仿真结果

任务实施

（1）PLC 模拟量输入部分的接线图如图 5-14 所示。

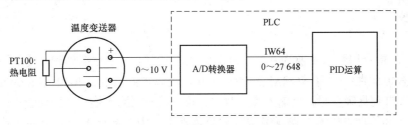

图 5-14　模拟量输入部分的接线图

（2）用 NORM_X 和 SCALE_X 指令编写梯形图如图 5-15 所示，仿真结果如图 5-16 所示。

图 5-15　梯形图

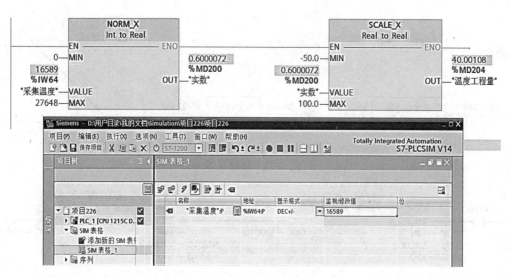

图 5-16　仿真结果

从图 5-15 所示程序可分析出：

1）输入信号接到模拟量通道 0 上（通道 0 对应的模拟量输入是 IW64，在硬件组态时可设定）；

2）NORM_X 指令的 MIN 和 MAX 管脚设置为 0 和 27 648，模拟量输入信号为 0～10 V；

3）工程值存放到 MD200 中；

4）被测温度物理量最小值是-50 ℃，最大值是 100 ℃；

5）反馈值存放到 MD204 中。

当 IW64 采集到数字量是 16 589 时，PLC 与触摸屏通信的变量 MD204=40，在触摸屏上显示是 40 ℃。

任务思政

NORM_X 指令把数据变换为 0.0～1.0 的实数，是为了方便数据处理，使得不同类型之间的物理量具有可比性；学习 NORM_X 指令，我们可以得到启迪：2020 年的抗击新冠疫情行动，从中央省市到县级乡村，全国人民一盘棋，政令统一，思想统一，行动统一，很快就控制住疫情，相比其他西方国家的糟糕表现，充分体现出了中国社会主义制度的优越性，向全世界展示了中国速度、中国效率、中国模式。

任务 19　S7-1200 PLC 的 PID 指令功能参数认知

学习目标

- 厘清 PID 控制器结构。
- 能够添加循环中断组织块。

- 理解 PID 功能指令的参数含义。
- 能够正确组态配置 PID 基本参数。

建议学时

2 课时

工作情景

　　PID 控制器广泛应用在工业自动化控制中，在 PID 控制中，难的不是其编程过程，而是对于其参数的设定，PID 控制中有 P、I、D 3 个参数，只有明白这 3 个参数的含义和作用才能完成控制器 PID 参数设定，让控制器达到最佳控制效果。本次任务主要了解 PID 控制的主要参数的含义和作用，在 TIA 博途软件中正确组态配置 PID 基本参数。

知识导图

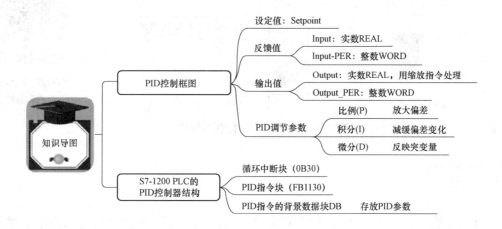

相关知识

1. PID 控制框图

　　PID 算法是一个经典控制算法，在过程控制领域应用非常广泛，其控制框图如图 5-17 所示。

　　设定值：要控制量的期望值。

　　反馈值：现场测量过程变量通过变送器转换后的值。

　　PID 输出值：经过 PID 运算后送到执行器的数值。

　　PID 调节 3 个重要参数：比例（P）、积分（I）、微分（D）。

PID 是什么

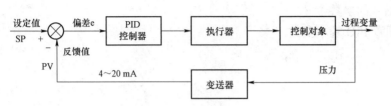

图 5-17　PID 控制框图

PID 控制的基本原理

生活中的 PID 控制（扫二维码）。

2. S7-1200 PLC 的 PID 控制器结构

S7-1200 PLC 的 PID 控制器结构如图 5-18 所示，PID 控制器功能主要依靠 3 部分实现，循环中断组织块，PID 功能块，工艺对象背景数据块。调用 PID 功能块时需要定义其背景数据块，而此背景数据块需要在工艺对象中添加，称为工艺对象背景数据块。PID 功能块与其相对应的工艺对象背景数据块组合使用，形成完整的 PID 控制器，S7-1200 PLC 配置了 16 路 PID 控制回路。

PID 工艺原理

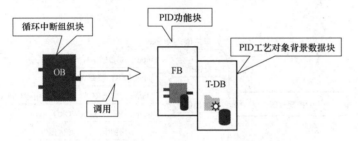

图 5-18　S7-1200 PLC 的 PID 控制器结构

S7-1200 PLC 的 PID 组态和参数设置

任务实施

为了更好地使用 PID 指令，我们先完成以下工作：添加循环中断组织块 OB30；新增通用 PID.Compact 控制器；组态 PID 控制器；了解 PID 控制指令引脚和参数。

1. 添加循环中断

如图 5-19 所示，添加循环中断组织块 OB30，并把循环时间改为 500 ms。

2. 调用 PID 指令

如图 5-20 所示，在循环中断组织块 OB30 中调用 PID 指令，在"工艺"/"PID 控制"/Compact PID 下找到 PID_Compact，把 PID_Compact 拖入到 OB30 组织块中，STEP7 会自动为指令创建工艺对象和背景数据块。背景数据块包含 PID 指令要使用的所有参数。每个 PID 指令必须具有自身的唯一背景数据块才能正确工作。方法：在指令树中找到 PID_Compact 指令拖到程序段中，会弹出对话框，然后单击"确定"按钮，得到的 PID 指令如图 5-21 所示。

3. PID 指令功能参数

单击 PID 指令下方的"倒三角"按钮，则展开完整的 PID 指令，如图 5-22 所示。

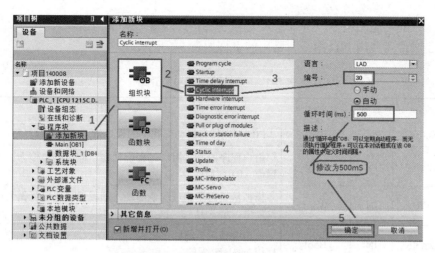

图 5-19　添加循环中断组织块 OB30

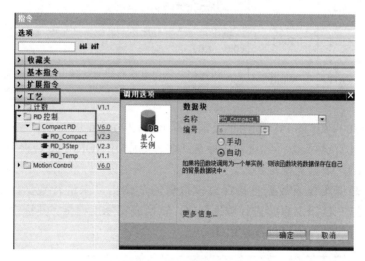

图 5-20　调用 PID 指令

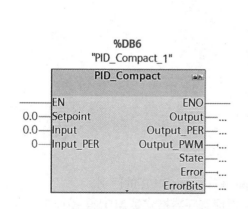

图 5-21　PID 指令

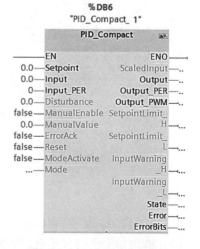

图 5-22　展开的 PID 指令

PID 指令的功能比较多，所以输入/输出引脚也比较多，对于初学者来说，只需要掌握几个必要的引脚便可使用 PID 指令，常用的引脚如表 5-1 所示。

表 5-1　PID 指令常用引脚介绍

参数	类型	数据类型	说明
Setpoint	IN	Real	PID 控制器在自动模式下的设定值，也就是目标值
Input	IN	Real	用户程序的变量用作过程值的源，即工程值作为过程变量的反馈值（0.0～1.0）
Input_PER	IN	Word	模拟量输出用作过程值的源，即模拟量输出值作为过程变量的反馈值，是 A/D 转换值（0～27 648）
ManualEnable	IN	Bool	启用或禁用手动操作模式。值为 1 时激活手动操作模式，为 0 时启用 Mode 分配的工作模式
ManualValue	IN	Real	手动模式下的 PID 输出值，即手动给定值
Output	OUT	Real	输出是一个百分比数，即 0%～100%，直接控制设备全关或全开（0.0～1.0）
Output_PER	OUT	Word	直接输出至模拟量输入通道，输出整数 0～27 648，送 D/A 转换，控制执行器

请注意 S7-1200 PLC 的 PID 的两个反馈数据 Input 和 Input_PER 的区别。

Input 是现场仪表测量数据经过程序标定（在程序中用 NORM-X 转换）转换成实际工程量数据（0.0～1.0），数据类型是实数。

Input_PER 是现场仪表数据直接经过模拟量通道输出，未进行数据标定，数据类型是 WORD。可以通过 PID 组态直接进行数据标定，转换成实际工程量。其标定方法如图 5-23 所示，该方法比较好理解，所以推荐使用此方法。

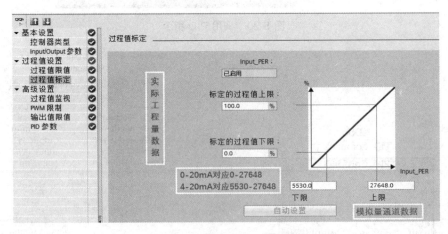

图 5-23　组态时输入标定方法

请注意 S7-1200 PLC 的 PID 的两个输出 Output 和 Output_PER 的区别。

Output 输出是一个百分比数，即 0%～100%，对应寄存器格式是 MD**，指控制设备全关或全开。要用 SCALE-X 指令转换成 0~27 648。

Output_PER 直接输出至模拟量输入通道，对应寄存器格式是 QW**，输出整数 0~27 648，该方法比较好理解，推荐使用此方法。

4. PID 参数配置

使用 PID 控制器前，需要对其进行组态设置，分别有基本设置、过程值设置、高级设置 3 部分。单击图 5-24（a）所示的图标或图 5-24（b）中的"组态"选项，进入 PID 指令参数配置页面。

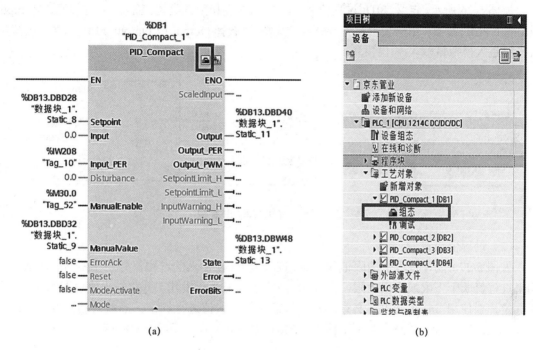

(a)   (b)

图 5-24 PID 指令参数配置

（1）基本设置。

如图 5-25 所示，在基本设置项里配置控制器类型和 Input/Output 参数。

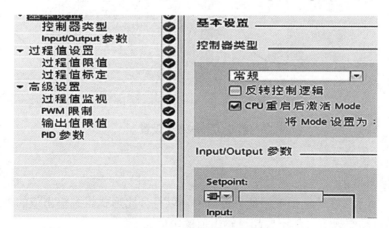

图 5-25 基本参数配置

163

1）控制器类型。

A. 控制器类型为设定值、过程值和扰动变量选择物理量和测量单位。

B. "反转控制逻辑"，如果未选择该选项，则 PID 回路处于直接作用模式，输入值小于设定值时，PID 回路的输出会增大；如果选择了该选项，则在输入值小于设定值时，PID 回路的输出会减小。

C. 选择 CPU 重启后的工作模式。

2）Input/Output 参数。

如图 5-26 所示，定义 PID 过程值和输出值的内容和数据类型：输入，为过程值选择 Input 或 Input_PER 参数（用于模拟量）；输出，为输出值选择 Output 或 Output_PER 参数。模拟量可直接进入模拟量输入/输出模块。

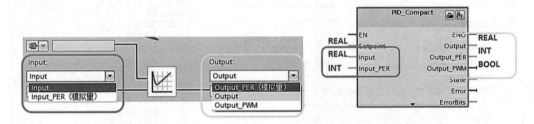

图 5-26　Input/Output 参数

（2）过程值设置。

如图 5-27 所示，过程值的限值和标定：过程值限值，输入的过程值必须在限制的范围内，如果过程值低于下限或高出上限，则 PID 回路进入未激活模式，并将输出值设置为 0；过程值标定，要使用 Input_PER，必须对模拟量输入的过程值进行标定。当输入的模拟量为 4～20 mA 电流信号时，模拟量的下限值为 5 530.0 对应 0.0%，上限 27 648.0 对应 100.0%。

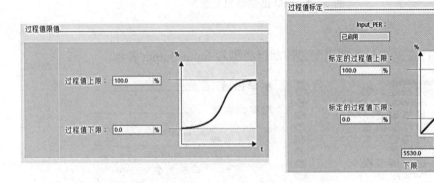

图 5-27　过程值设置

（3）高级设置。

1）输出值限值。

如图 5-28 所示，在"输出值限值"窗口中，以百分比形式组态输出值的限值。无论是在手动模式还是自动模式下，都不要超过输出值的限值。

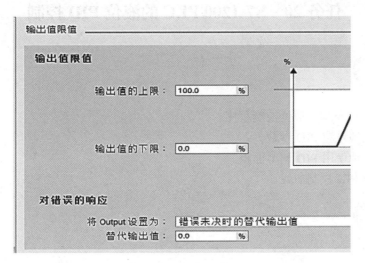

图 5-28 输出值限值

2）PID 参数。

如图 5-29 所示，在 PID 组态界面可以修改 PID 参数，通过组态界面修改参数需要重新下载组态并重启 PLC。

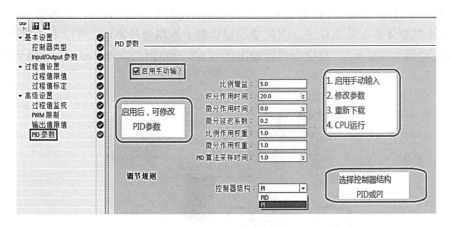

图 5-29 PID 参数设置

任务思政

PID 控制强调通过调节某一个物理量恒定使系统稳定，同样地，社会是一个大系统，方方面面的因素都会影响到国家秩序的稳定，所以我们要增强"四个意识"、坚定"四个自信"、做到"两个维护"，调好中国社会政治经济发展的"PID 参数"，自觉维护高校稳定，保证社会的长治久安，为实现中华民族伟大复兴的中国梦保驾护航。

任务 20　S7-1200 PLC 的液位 PID 控制

- 能用 PID 指令编写液位控制程序。
- 能够有效地设置 PID 参数。
- 能够有效地使用 PID 调节面板。
- 能够分析 PID 控制曲线。

建议学时

6 课时

工作情景

如图 5-30 所示，有两个水箱，一个是上水箱，另一个是下水箱，水泵把下水箱的水抽到上水箱，上水箱的水通过循环泵抽到下水箱，现要保持上水箱的液位维持在某一个高度，采用 PID 控制，通过 S7-1200 PLC 输出 0～20 mA 电流控制变频器 G120，变频器 G120 控制水泵抽水，上水箱整体高度是 300 cm，液位变送器检测上水箱液位高度，液位变送器量程是 3～40 cm，输出电流 4～20 mA，液位变送器输出送到 S7-1200 PLC。请你和你的团队完成该控制系统。

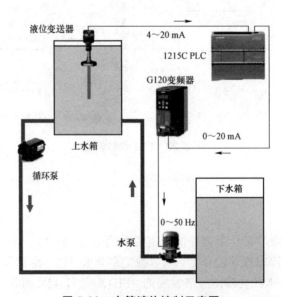

图 5-30　水箱液位控制示意图

知识导图

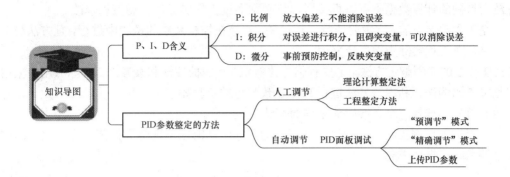

知识导图

P、I、D含义
- P: 比例　放大偏差，不能消除误差
- I: 积分　对误差进行积分，阻碍突变量，可以消除误差
- D: 微分　事前预防控制，反映突变量

PID参数整定的方法
- 人工调节
  - 理论计算整定法
  - 工程整定方法
- 自动调节　PID面板调试
  - "预调节"模式
  - "精确调节"模式
  - 上传PID参数

相关知识

1. P、I、D 含义

PID 含义解释如下。

P：比例。对输入与反馈值偏差进行比例调节控制，调节情况要根据参数确定，P 太大易造成振荡，太小调节太慢；由于没有误差时输出为 0，因此比例不可能完全消除误差，不可能使被控的反馈值达到目标值，这就需要加积分控制。

I：积分。对某一恒定的误差进行积分，令积分"I"秒后达到目标值，I 定义为积分时间；但由于实际系统是有惯性的，输出变化后，反馈值不会马上变化，需等待一段时间才缓慢变化。积分时间 I（单位是 s）大，积分弱；积分时间 I（单位是 s）小，积分强。比例积分（PI）控制器，可以使系统在进入稳态后无稳态误差。

D：微分。比例和积分的作用是事后调节（发生偏差后才进行调节），而微分作用是事前预防控制，即发现 PV 值有变大或变小的趋势，便马上输出一个阻止其变化的控制信号，以防止过冲或超调。微分只能作为辅助调节作用，D 越大，微分作用越强；D 越小，微分作用越弱，D 的单位是 s。

一条理想的 PID 控制曲线如图 5-31 所示，简单地说，理想 PID 控制曲线的特点是调节速度快、偏差小、稳定性高及负载波动小。

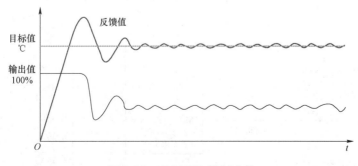

图 5-31　理想 PID 控制曲线

2. PID 参数整定的方法

PID 参数整定的方法很多，概括起来有以下两大类。

一是理论计算整定法，它主要是依据系统的数学模型，经过理论计算确定 PID 参数。这种方法所得到的计算数据不可以直接用，还必须通过工程实际进行调整和修改。

二是工程整定方法，它主要依赖工程经验，直接在控制系统的试验中进行，且方法简单、易于掌握，在工程实际中被广泛采用。

PID 参数的工程整定方法，主要有临界比例法、反应曲线法和衰减法，实际应用中采用较多的是临界比例法，利用该方法进行 PID 参数整定的步骤如下。

（1）首先预选择一个足够短的采样周期让系统工作。

（2）仅加入比例控制环节，直到系统对输入的阶跃响应出现临界振荡，记下这时的比例放大系数和临界振荡周期。

（3）在一定的控制度下通过公式计算得到 PID 参数。

PID 参数整定是靠经验及对工艺的熟悉，参考测量值跟踪与目标值曲线，从而调整 P、I、D 的大小。

PID 参数整定，可参照以下各种调节系统中 P、I、D 参数经验数据。

温度 T：P=20%～60%，I=180～600 s，D=3～180 s。

压力 P：P=30%～70%，I=24～180 s。

液位 L：P=20%～80%，I=60～300 s。

流量 L：P=40%～100%，I=6～60 s。

PID 应用说明

（1）在以前，由于电子技术没有现在发达，因此 PLC、仪表等的 PID 功能较弱，很多时候 PID 参数是由工程师按照经验调试出来的。

（2）现在几乎所有 PLC、智能仪表等均有良好的 PID 自整定与优化功能，几乎不人工参与调试 PID 参数，自动调试速度快效果也好。

任务实施

S7-1200 PLC
液位的 PID 控制

1. 实施液位的 PID 控制

（1）画接线图。

液位变送器、变频器与 PLC 的接线图如图 5-32 所示，1215C 的 CPU 中，有 2 个模拟量

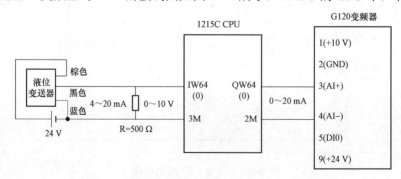

图 5-32 液位变送器、变频器与 PLC 的接线图

输入/输出，模拟量输入默认为 0～10 V 电压；模拟量输出默认是 0～20 mA，不能修改，可并联 1 个 500Ω的电阻，转换变成 0～10 V 电压输入。

（2）硬件构成。

1）上水箱高度是 300 cm。

2）液位变送器：量程是 3～39 cm，输出电流为 4～20 mA。

3）水泵：把下水箱的水抽到上水箱，额定功率为 0.43 kW。

4）循环泵：把上水箱的水抽到下水箱，额定功率为 130 W，电压为 220 V。

2．硬件组态

建立液位 PID 控制项目。

如图 5-33 所示，模拟量输入 0 通道的地址是 IW64，模拟量输入 1 通道的地址是 IW66；模拟量输出 0 通道的地址是 QW64，模拟量输出 1 通道的地址是 QW66；地址可以修改。

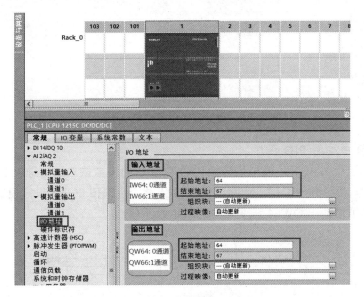

图 5-33　模拟量模块的 I/O 地址

在"属性/常规/启动"中设置：暖启动—RUN 模式，如图 5-34 所示。

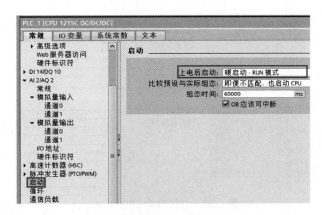

图 5-34　启动设置

169

添加循环中断组织块 OB30，如图 5-35 所示。

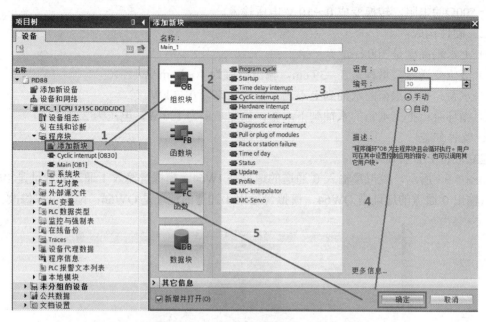

图 5-35　添加循环中断组织块 OB30

3. 在 OB30 中编写 PID 程序

如图 5-36 所示，采集液位模拟值转换后送入 PLC 的模拟量 0 通道地址 IW64，经过标准化和缩放后得到实际液位 MD14，实际液位 MD14 这个反馈值与液位设定值比较通过 PID 指令运算调节，模拟量输出 QW64 送变频器驱动水泵工作。

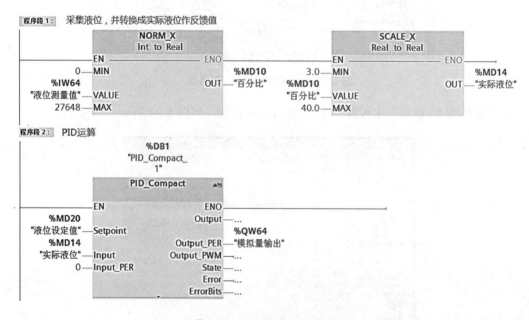

图 5-36　OB30 中 PID 程序

4. 组态 PID 参数

双击图 5-37 所示图标，打开组态窗口。

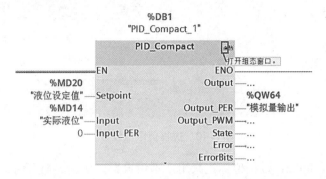

图 5-37　打开组态窗口

（1）基本设置。其控制器类型是液位，可以用长度表示，单位是 cm。重启后激活自动模式，如图 5-38 所示。输入/输出参数设置，输入值选择 Input，输出值选择 Output_PER，如图 5-39 所示。

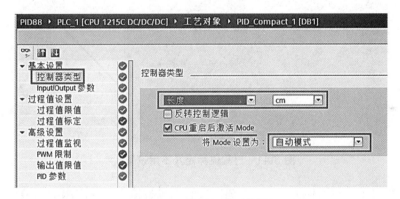

图 5-38　控制器类型设置

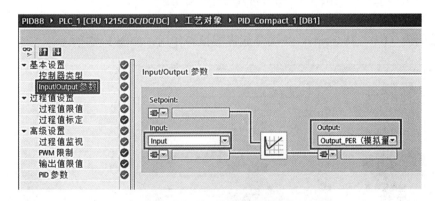

图 5-39　输入/输出参数设置

（2）过程值设置。过程值上限是液位 38.0 cm，下限是 0.0，超过该范围值时，PID 控制器报警错误，PID 报警后，必须复位才能重新使用 PID 功能，如图 5-40 所示。

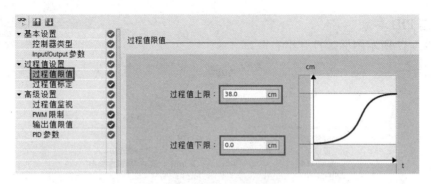

图 5-40　过程值限值设置

由于过程值采用 Input，过程值标定禁用，不用设置，如图 5-41 所示。

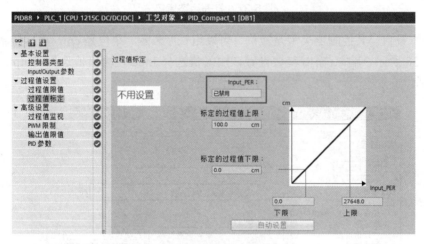

图 5-41　过程值标定（不用设置）

注意：如要设定过程值标定，一定要填写传感器过程值下限和上限的范围（0～40 cm）对应数字量的下限和上限的范围（0～27 648）。

（3）高级设置。过程值监视警告的上限取 35.0 cm，下限是 3.0 cm，一般这里的设定范围在过程值限值内（0.0～38.0 cm），主要是起提醒报警作用，如图 5-42 所示。

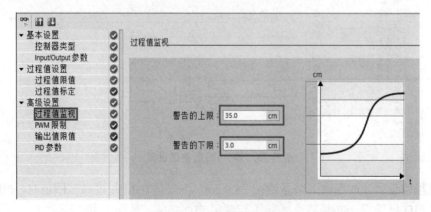

图 5-42　过程值监视设置

输出值限值上限取 100.0%，下限 0.0%。如图 5-43 所示。

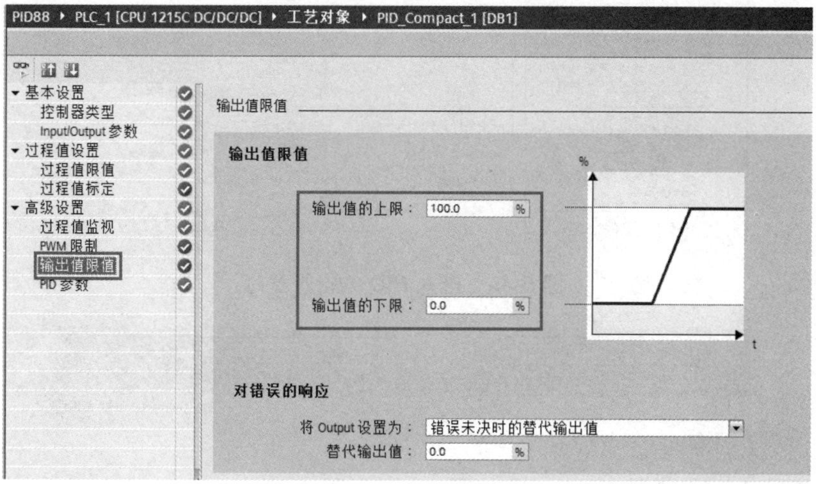

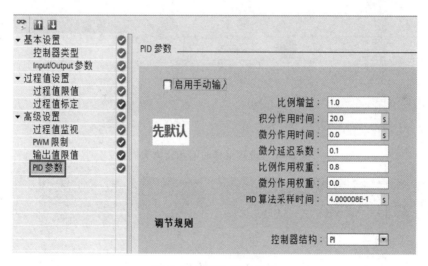

图 5-43　输出值限值设置

PID 参数先默认系统原有值，下面通过自整定确定 PID 参数，如图 5-44 所示。

图 5-44　默认 PID 参数

问题讨论：过程值限值范围与过程值监视范围关系是什么？

5. PID 面板调试

打开变频器和循环泵电源，水泵抽水，同时循环泵放水，水位液位设定在 25 cm，双击图 5-45 所示的"工艺对象"下的"调试"选项或 PID 指令图标，进入 PID 编辑器窗口。

（1）"预调节"模式。

如图 5-46 所示，设置"采样时间"是 0.3 s，单击旁边的 Start 按钮，进入监视状态。启动"预调节"，过程值按比例上升接近设定值，预调节完成后，在下面的状态框中出现"系统已调节"信息，如图 5-47 所示。

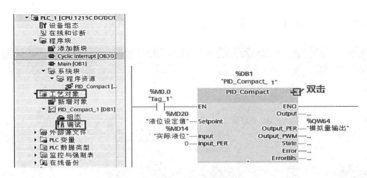

图 5-45　进入 PID 编辑器窗口

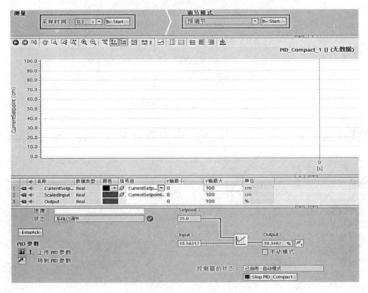

图 5-46　设置采样时间和预调节模式

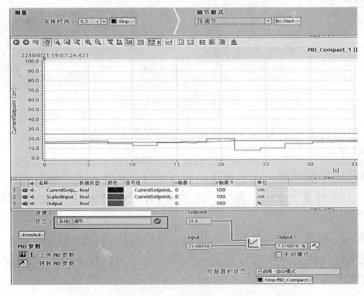

图 5-47　"预调节"结束

注意：采样时间与循环中断时间是倍数关系，循环中断时间（100 ms）小于采样时间（300 ms）。

（2）"精确调节"模式。

预调节完成后，在调节模式下选择"精确调节"模式，单击旁边的 Start 按钮，进入参数的自整定过程，整定过程如图 5-48 所示。

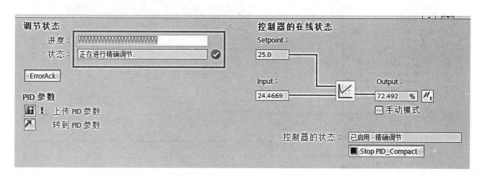

图 5-48 "精确调节"模式

当精确调节结束后，调节状态的状态框中会显示"系统已调节"，自整定过程结束，并进入"自动模式"，如图 5-49 所示，此时液位高度稳定在 25 cm。

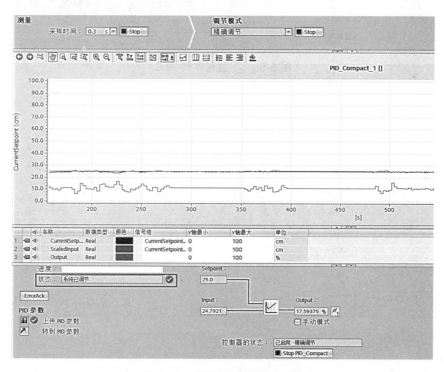

图 5-49 "精确调节"模式结束

（3）上传 PID 参数。

在"PID 参数"区域单击 "上传 PID 参数"图标，进行 PID 参数上传，此时 PID 参数便自动上传到背景数据块中。单击 "转到 PID 参数"图标，可切换到组态窗口中的 PID 参数页面。

将更新后的程序下载到 PLC 中，如图 5-50 所示，程序调试结束。

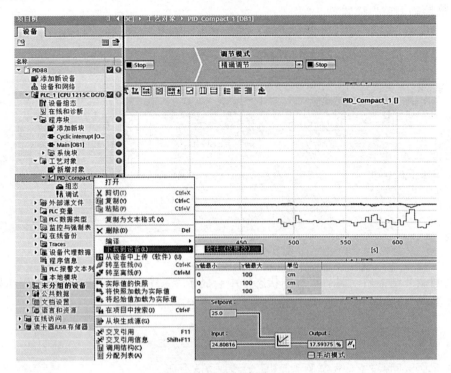

图 5-50 下载程序到 PLC

模块 3

精通篇

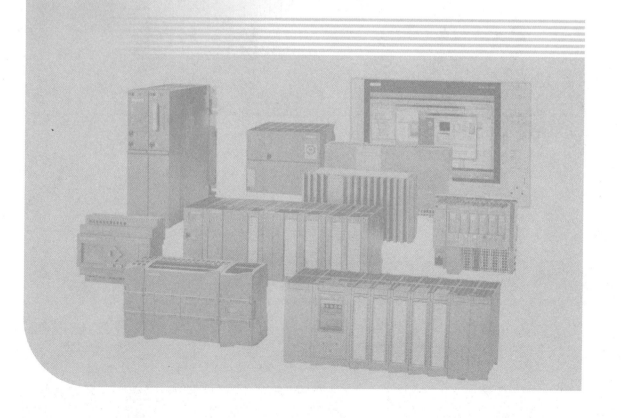

项目 6　驱动控制——S7-1200 PLC 的运动控制

任务 21　S7-1200 PLC 控制螺纹钻孔和攻丝（高速计数）

学习目标

- 说出增量编码器工作原理，能在 PLC 输入端正确连接编码器。
- 归纳高速计数器计数模式，能正确进行高速计数器组态。
- 运用高速计数器指令进行定位控制编程。

建议学时

6 课时

工作情景

某机械加工企业要进行螺纹孔加工，在螺纹孔加工过程中要进行钻孔和攻丝这两道工序，如图 6-1 所示；要求你按下面控制要求设计梯形图。

控制要求：按下启动按钮，电动机带动工作台运动，旋转编码器连接至电动机轴上做同轴转动。

第一步：工件自动夹紧（输出 Q0.2），延时 1 s。

第二步：电动机正转（输出 Q0.0）。

第三步：至 72.22 毫米位置，打一个孔（输出 Q0.3）。

第四步：在 144.44 毫米的位置，攻丝（输出 Q0.4）。

第五步：完毕，返回（输出 Q0.1）。

请你和你的团队一起完成该任务。

注意：电动机每转一圈，工作台走 72.22 mm，编码器分辨率为 1 000 P/R（脉冲/转）。

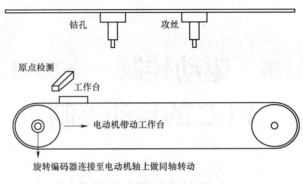

图 6-1　螺纹孔加工示意图

知识导图

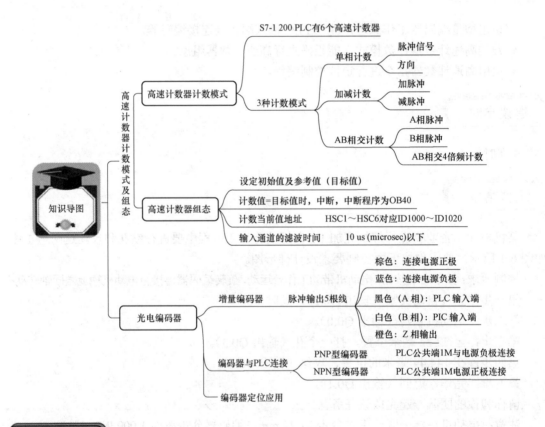

相关知识

1. 高速计数器计数模式及组态

普通计数器是要通过 PLC 的扫描来知道计数器前面触点的变化，从而进行一个计数的，也就是说，计数的时间间隔不能短于一个扫描周期，计数的速度不能太快，如果速度过快怎么办？那就只能应用高速计数器了；高速计数器不受扫描周期的影响，可计数频率达到

100 kHz。PLC 中的高速计数器可用于接收编码器、光栅等输入的高速脉冲信号，如图 6-2 所示；通过中断程序定位等方法来检测电动机转速、位置等量，如可计算高速运动中产品的数量，计算产品长度等，如图 6-3 所示。

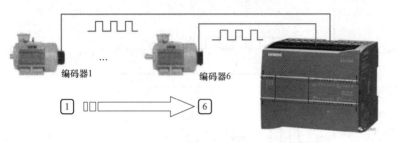

S7-1200 PLC 的 HSC 控制
（高速计数器应用）

S7-1200 PLC 的 HSC 控制
（高速计数器指令）

图 6-2　PLC 高速计数器对编码器高速脉冲进行计数

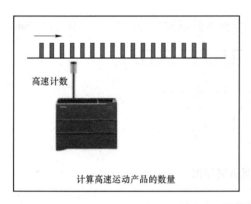

计算高速运动产品的数量

计算产品长度

图 6-3　计算产品数量和长度

（1）高速计数器计数模式。

S7-1200 PLC 的 6 个高速计数器（HSC1～HSC6），有 3 种计数类型，分别是单相计数、加减计数、AB 相交计数，如表 6-1 所示，可根据不同场合使用。

表 6-1　高速计数器的计数模式

类型	输入 1	输入 2	输入 3	输入 4	输入 5	输出 1
具有内部方向控制的单相计数器	计数	—	同步（复位）	硬件门（启动）	捕获信号	比较输出
具有外部方向控制的单相计数器	计数	方向				
加减计数（1 相 2 计数）	加计数	减计数				
AB 相交计数（2 相 2 计数）	A 相	B 相				
AB 相交计数 4 倍频（2 相 2 计数）	A 相	B 相				

181

输入信号的 3 种形式时序图如图 6-4 所示。

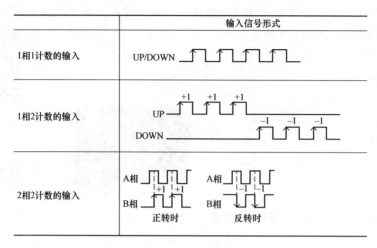

图 6-4　输入信号 3 种形式时序图

1）单相计数。

高速计数的单相计数过程如图 6-5 所示。一个输入是脉冲信号，另一个输入是方向。

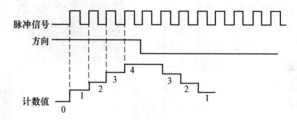

图 6-5　单相计数时序图

下面的案例是用手动按按钮方式理解单相计数模式。

单相计数案例：用 HSC1 计数，单向计数，外部方向输入，I0.0 为脉冲输入，I0.1 是方向输入，计数当前值默认地址是 ID1000，当计数当前值大于 10 时信号灯 Q0.0 亮，当计数值在 5 和 8 之间时 Q0.1 亮，单相计数接线图及组态如图 6-6 所示。

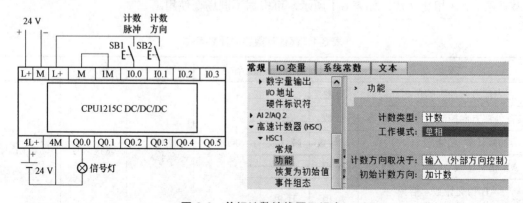

图 6-6　单相计数接线图及组态

单相计数案例的梯形图如图 6-7 所示。

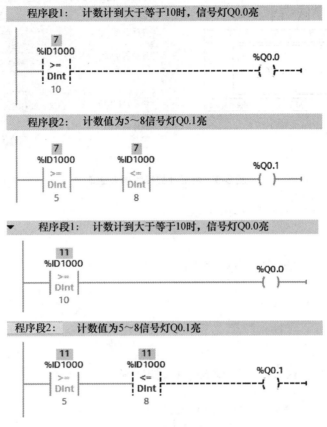

图 6-7 单相计数案例的梯形图

2）加减计数。

如图 6-8（a）所示，用两个传感器来检测箱内产品数量，一个是检测加计数，另一个是检测减计数，此时用到高速计数的加减计数（两相计数）。如图 6-8（b）所示，当减计数脉冲为低电位时，加计数起作用；当加计数脉冲为低电位时，减计数起作用。

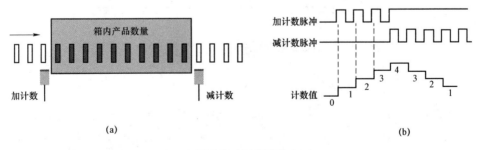

图 6-8 加减计数

计数案例：用 HSC1 计数，两相计数，外部方向输入。I0.0 为加计数脉冲输入，I0.1 是减计数脉冲输入，当计数当前值大于等于 10 时信号灯 Q0.0 亮，当计数值在 5 和 8 之间时 Q0.1 亮，两相计数接线图及组态如图 6-9 所示。

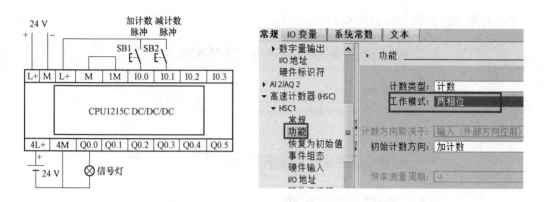

图 6-9　两相计数接线图及组态

两相计数案例的梯形图如图 6-10 所示。

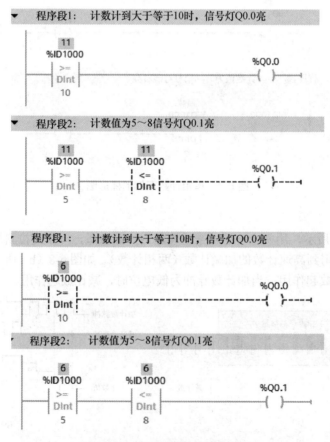

图 6-10　两相计数案例的梯形图

3）AB 相交计数。

AB 相交计数需要两相脉冲输入，即输入信号要有 A 相和 B 相，两相同时协作进行计数，一般应用在有 AB 两相输出脉冲的检测仪器上，如图 6-11 所示。

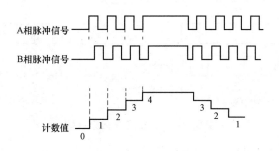

图 6-11 AB 相交计数

正转（加法）：A 相超前 B 相，即 A 先通，B 相再通，A 相的上升沿计数，如图 6-12 所示。

反转（减法）：B 相超前 A 相，即 B 先通，A 相再通，A 相的下降沿计数，如图 6-13 所示。

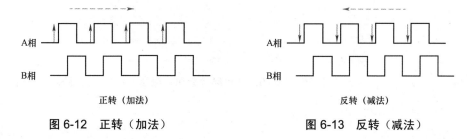

图 6-12 正转（加法）　　图 6-13 反转（减法）

AB 相交计数接线图及组态如图 6-14 所示。

正转（加法）：A 相通加 1，B 相通不变；A 相断，B 相断不变。

反转（减法）：B 相通不变，A 相通不变；B 相断，A 相断减 1。

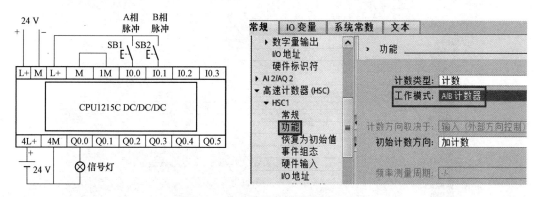

图 6-14 AB 相交计数接线图及组态

4）AB 相交 4 倍频计数。

AB 相交 4 倍频计数方式与 AB 相交计数方式相同，只不过计数值多了 4 倍，如图 6-15 所示。

185

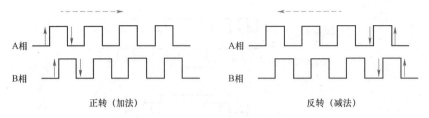

图 6-15　AB 相交 4 倍频计数

正转（加法）：A 相通加 1，B 相通加 1；A 相断加 1，B 相断加 1。

反转（减法）：B 相通减 1，A 相通减 1；B 相断减 1，A 相断减 1。

AB 相交 4 倍频计数功能组态如图 6-16 所示。

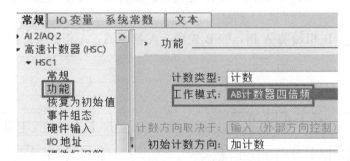

图 6-16　AB 相交 4 倍频计数功能组态

（2）高速计数器组态

1）启用高速计数器。

启用高速计数器步骤：① 双击"设备组态"选项；② 双击 PLC；③ 选择"属性"；④ 选择"常规"；⑤ 勾选"启用该高速计数器"复选框；⑥ 更改计数器名称；如图 6-17 所示。

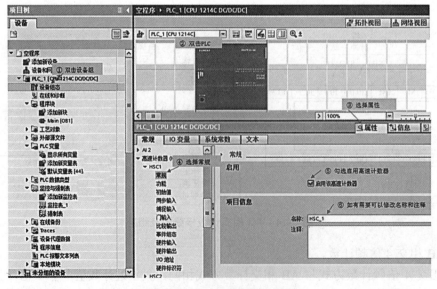

图 6-17　启用高速计数器步骤

186

2）选择功能。

高速计数器的功能选择如图 6-18 所示。

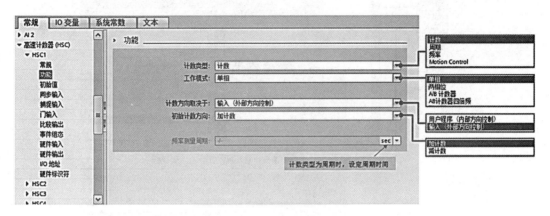

图 6-18 功能选择

工作模式有以下几种。

单相：只有一个计数端子，计数方向由程序设定或者外部输入端子决定。

两相位：有两个计数端子，一个为加计数，另一个为减计数。

A/B 计数器：有两个计数端子，1 个为 A 相，1 个为 B 相，A、B 相互作用完成加减计数。

AB 计数器四倍频：和 AB 计数器一样，但计到的数为 4 倍的数值。

3）设定初始值及参考值（目标值）。

设定初始值及参考值的组态如图 6-19 所示。

图 6-19 设定初始值及参考值的组态

4）输入功能端子。

高速计数器的输入端子如图 6-20 所示。

如果勾选图 6-20 所示的 3 个输入端子，则需要在"硬件输入"选择对应的输入信号端子。

5）比较输出。

比较输出是把当前值与参考值进行比较的结果，有 5 个计数事件，如图 6-21 所示。

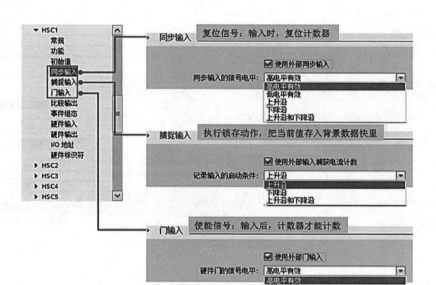

图 6-20　高速计数器的输入端子

图 6-21　计数事件

参考计数 1（加计数）：在加计数时，当前值=参考值 1 时，输出一个周期为 500 ms 的脉冲。

参考计数 1（减计数）：在减计数时，当前值=参考值 1 时，输出一个周期为 500 ms 的脉冲。

参考计数 1（加/减计数）：不管是加计数，还是减计数，当前值=参考值 1 时，都输出一个周期为 500 ms 的脉冲。

参考计数 2（加计数）：和参考计数 1 一样，只不过比较值换成参考值 2。

参考计数 2（减计数）：和参考计数 1 一样，只不过比较值换成参考值 2。

参考计数 2（加/减计数）：和参考计数 1 一样，只不过比较值换成参考值 2。

上溢：当前值超出上限 2 147 483 647 时，输出。

下溢：当前值超出下限–2 147 483 647 时，输出。

6）事件组态（设定中断）。

事件组态包括当前值等于参考值时产生中断，同步（复位）信号接通时产生中断，计数方向变化时产生中断，如图 6-22 所示。

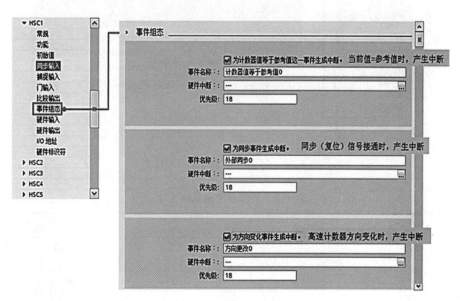

图 6-22 高速计数器的事件组态

7）硬件输入、输出端子选择。

硬件输入、输出端子选择如图 6-23 所示。

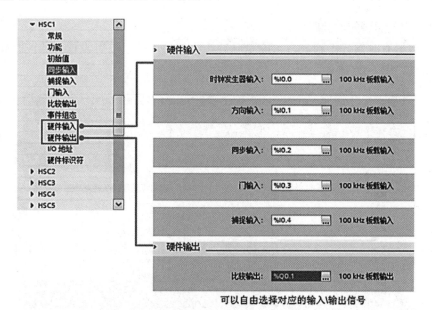

可以自由选择对应的输入\输出信号

图 6-23 硬件输入、输出端子选择

8）I/O 地址（计数当前值地址）。

计数当前值 I/O 地址设定如图 6-24 所示。

6 个高速计数器计数当前值默认地址如表 6-2 所示。

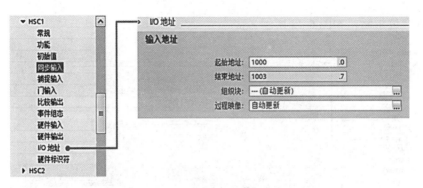

图 6-24　计数当前值 I/O 地址设定

表 6-2　计数当前值默认地址

计数号	数据类型	默认地址
HSC1	DInt	ID1000
HSC2	DInt	ID1004
HSC3	DInt	ID1008
HSC4	DInt	ID1012
HSC5	DInt	ID1016
HSC6	DInt	ID1020

9）修改输入通道的滤波时间。

高速计数器有时候计不到数，可能是脉冲接收的输入端子没有设置好滤波时间，通道的滤波时间设置如图 6-25 所示。

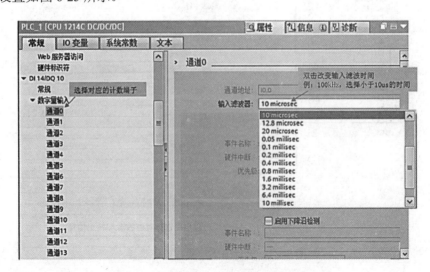

图 6-25　设置输入通道的滤波时间

注意：脉冲接收的输入端子滤波时间要比输入脉宽（扫描周期）小，如果滤波时间过大，输入脉冲将被过滤掉。

输入滤波器时间为 0.1 微秒可检测到的最大输入频率为 1 MHz。

输入滤波器时间为 10 微秒（10 microsec）可检测到的最大输入频率为 100 kHz。

输入滤波器时间为 6.4 毫秒（6.4 millisec）能检测到的最大频率为 78 Hz。

因此如果使用该默认值（6.4 毫秒），且 S7-1200 PLC 或信号板接入的高速输入脉冲超过 78 Hz，则 S7-1200 PLC 或信号板过滤掉该频率的输入脉冲，该高速计数器计不到数。

问题讨论：讨论 S7-1200 PLC 高速计数器有时候计不到数的原因。

2. 光电编码器

光电编码器是用来检测机械运动的角度、速度、长度、位移和加速度的传感器，其外形如图 6-26 所示，它把实际的机械参数值转换成电气信号，这些电气信号可以被计数器、转速表、PLC 工业 PC 处理。

编码器

认识光电编码器

图 6-26　编码器外形图

图 6-27 所示是编码器引出的 5 根线，送入 PLC 输入端，其中棕色线接电源正极，蓝色线接电源负极，黑色线（A 相）接 PLC 输入端，白色线（B 相）接 PLC 输入端，橙色线接 Z 相。

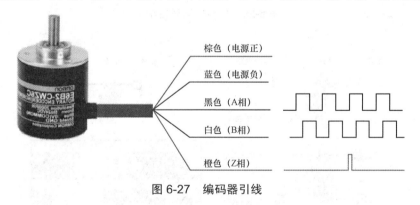

图 6-27　编码器引线

（1）编码器结构。

编码器的分类如图 6-28 所示，在自动化生产线上用得比较多的是增量式编码器。

增量式编码器由光源 LED、码盘、光敏装置和输出电路等组成，如图 6-29 所示。

（2）增量式编码器原理。

增量式编码器是直接利用光电转换原理输出 3 组方波脉冲 A 相、B 相和 Z 相，A、B 两组脉冲相位差 90 度，用于辨向。当 A 相脉冲超前 B 相时为正转方向，而当 B 相脉冲超前 A 相时则为反转方向。Z 为零位脉冲信号，码盘旋转一周发出一个零位脉冲，用于基准点定位。编码器每转 360 度，提供多少个明或者暗刻线称为分辨率，如分辨率是 1 024 线，表示 1 024 脉冲/转。光电检测和脉冲产生原理如图 6-30 所示。

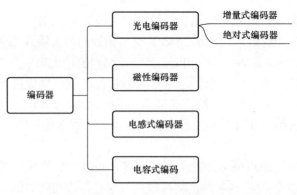

图 6-28　编码器分类

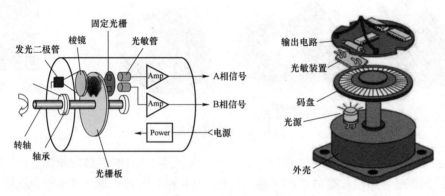

图 6-29　增量式编码器结构

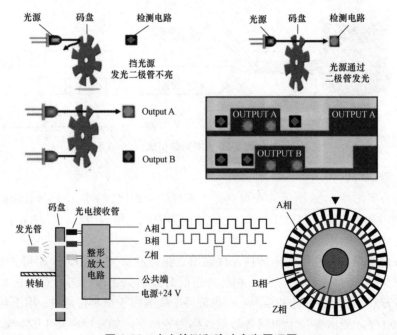

图 6-30　光电检测和脉冲产生原理图

旋转增量式编码器以转动时输出脉冲，通过计数设备来知道其位置，当编码器不动或停电时，依靠计数设备的内部记忆来记住位置。这样，当停电后，编码器不能有任何的移动，当来电工作时，编码器输出脉冲过程中，也不能有干扰而丢失脉冲，不然，计数设备记忆的零点就会偏移，而且这种偏移的量是无从知道的，只有错误的生产结果出现后才能知道。

解决的方法是增加参考点，编码器每经过参考点，将参考位置修正进计数设备的记忆位置。在参考点以前，是不能保证位置的准确性的。为此，在工控中就有每次操作先找参考点，开机找零等方法。

例如，打印机扫描仪的定位就是用的增量式编码器原理，每次开机，都能听到声响，这是打印机在找参考零点，然后才工作。

（3）编码器应用。

编码器在机床、机器人、食品饮料罐装生产线上等有广泛的应用，分别如图 6-31（a）、图 6-31（b）、图 6-31（c）所示。

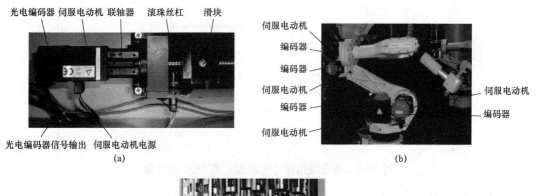

光电编码器　伺服电动机　联轴器　滚珠丝杠　滑块

光电编码器信号输出　伺服电动机电源

(a)

伺服电动机
编码器
编码器
伺服电动机
编码器
伺服电动机
伺服电动机
编码器

(b)

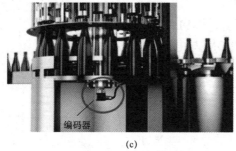

编码器

(c)

图 6-31　编码器应用

（a）机床上应用；（b）机器人上应用；（c）食品饮料罐装生产线上应用

问题讨论： 机床加工中开机时工作台为什么要回原点（参考点）？

_____

_____

（4）增量式编码器与 PLC 接线。

如图 6-32 所示，增量式编码器输出有 5 根线，棕色（电源正极）、蓝色（电源负极）、黑色（A 相）、白色（B 相）、橙色（Z 相），有的只有 A、B 两相，最简单的只有 A 相。编码器的电源可以是外接电源，也可直接使用 PLC 的 DC24 V 电源。

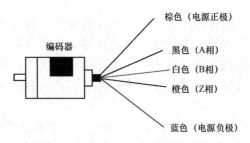

图 6-32 增量式编码器输出的 5 根线

增量式编码器有 NPN 型与 PNP 型，对应的增量式编码器与 PLC 接线形式有两种，下面以 S7-1200 PLC 为例，讲述增量式编码器与 PLC 的接线。

1）增量编码器（PNP 型）与 PLC 连接，如图 6-33 所示。

注意：PLC 输入公共端 1 M 与电源负极 M 连接。

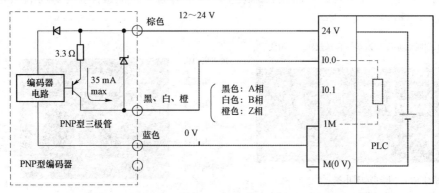

图 6-33 增量编码器（PNP 型）与 PLC 连接图

2）增量编码器（NPN 型）与 PLC 连接，如图 6-34 所示。

注意：PLC 输入公共端 1 M 与电源正极连接。

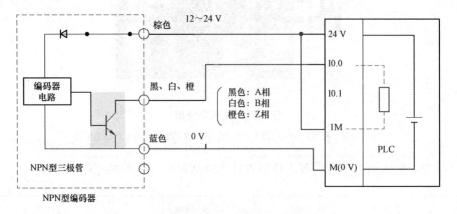

图 6-34 增量编码器（NPN 型）与 PLC 连接图

问题讨论 1：请你说出编码器（NPN 型）与 PLC 连接回路中电流流向。

问题讨论 2：如图 6-35 所示，有一个编码器（PNP）和一个按钮，请在图中把它们与 PLC 输入端相连接。

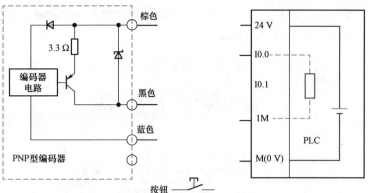

图 6-35　编码器（PNP 型）、按钮与 PLC 连接

（5）编码器定位应用。

1）高速计数器控制指令：CTRL_HSC。

在 TIA 博途软件项目视图左边的"工艺"/"计数"/"其他"中可找到高速计数器控制指令（CTRL_HSC），如图 6-36 所示，高速计数器指令块参数含义如表 6-3 所示。

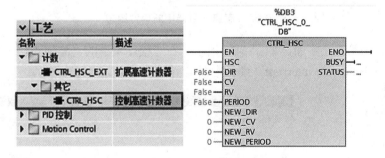

图 6-36　高速计数器控制指令

表 6-3　高速计数器指令块参数含义

参数	数据类型	含义
HSC	HW-HSC	高速计数器号，如 HSC1 是 257
DIR	Bool	1——使能新方向
CV	Bool	1——使能新初始值
RV	Bool	1——使能新参考值（计数值）
PERIOD	Bool	1——使能新频率测量周期值
NEW-DIR	Int	1——正方向（加），-1——反方向（减）
NEW-CV	DInt	新初始值
NEW-RV	DInt	新参考值
NEW-PERIOD	Int	新频率测量周期
BUSY	Bool	1——运行状态
STATUS	Word	出错指示

2）高速计数器中断调用。

在高速计数器组态中的事件组态中可进行中断调用，有 3 个中断事件，第 1 个是当前值=参考值时，产生中断；第 2 个是同步（复位）信号接通时，产生中断；第 3 个是计数方向发生变化时，产生中断，如图 6-37 所示。

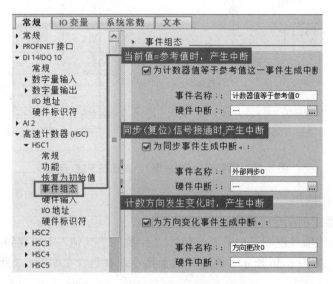

图 6-37　高速计数器中断事件组态

下面主要介绍第 1 个中断。如图 6-38 所示，在"程序块"的"添加新块"中选择"组织块 OB"，再选择 Hardware interrupt（硬件中断），得到 OB40。

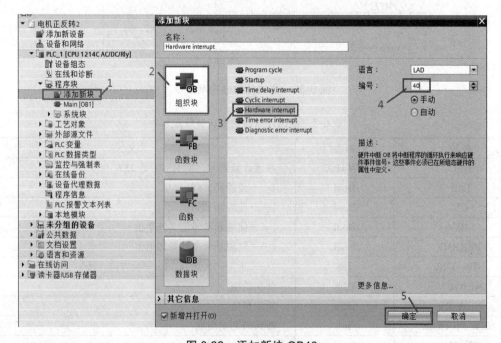

图 6-38　添加新块 OB40

如图 6-39 所示，组态 OB40，当前值=参考值时，产生中断，调用硬件中断 OB40。

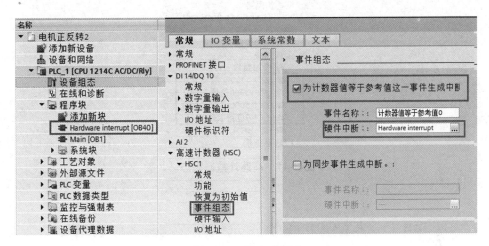

图 6-39　组态 OB40

【案例】如图 6-40 所示，在正向计数过程中：在 1 000 个脉冲位置，点亮 Q0.0；在 3 000 个脉冲位置，点亮 Q0.1，灭 00.0；在 5 000 个脉冲位置，点亮 Q0.2，灭 Q0.1；返回过程中，回到 0 位置，全部灭掉。

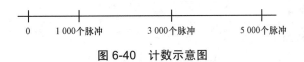

图 6-40　计数示意图

分析：

★由案例要求可看出，有 4 个中断事件，分别为当前值 1 000、3 000、5 000、0。

★有 4 个硬件中断程序（OB），当上面的中断事件产生时，调用对应处理程序。

★但是，比较中断事件只有一个，所以在调用中断的同时要重新设定新的参考值，并重新连接中断程序。

例如：计数的当前值=1 000 时，调用 OB40，在 OB40 里，要把参考值重新设定为 3 000，并用 ATTACH 指令把中断事件连接到 OB41 上。

★依此类推，一直到当前值=0 时，把参考值重新设为 1 000，就可以重新循环。

（1）硬件组态。

添加 4 个中断组织块：HSC1-1000 位置［OB40］，HSC1-3000 位置［OB41］，HSC1-5000 位置［OB42］，HSC1-0 位置［OB43］，如图 6-41 所示。

组态 HSC_1 高速计数器，如图 6-42～图 6-47 所示。

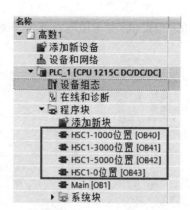

图 6-41　高速计数器组态

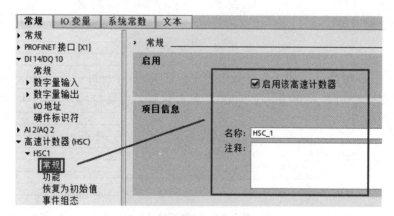

图 6-42　启用高速计数器

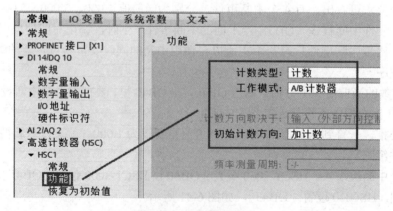

图 6-43　组态计数模式

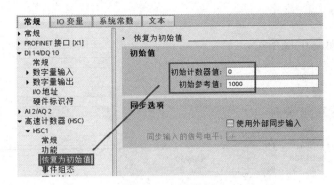

图 6-44 组态初始值

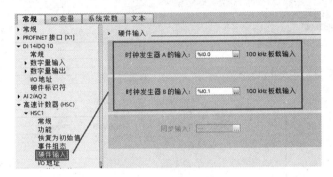

图 6-45 组态硬件输入

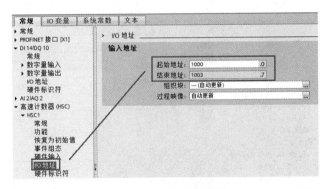

图 6-46 组态输入地址

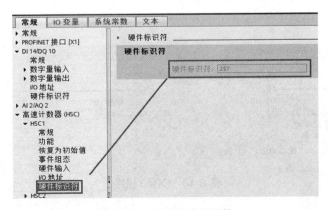

图 6-47 组态硬件标识符

（2）编写程序。

OB40 程序，如图 6-48 所示。

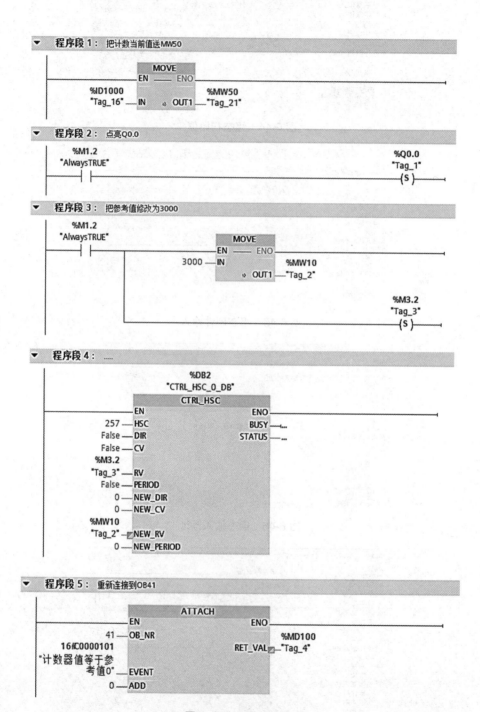

图 6-48　OB40 程序

OB41 程序，如图 6-49 所示。

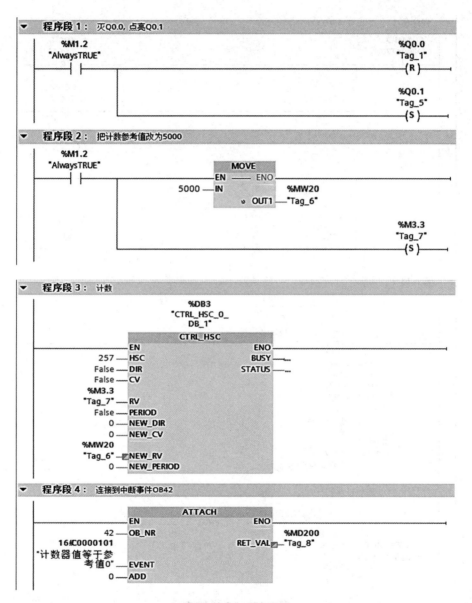

图 6-49　OB41 程序

OB42 程序，如图 6-50 所示。

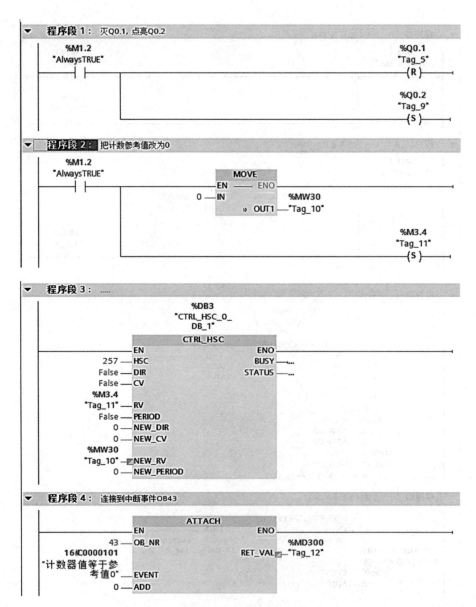

图 6-50　OB42 程序

OB43 程序，如图 6-51 所示。

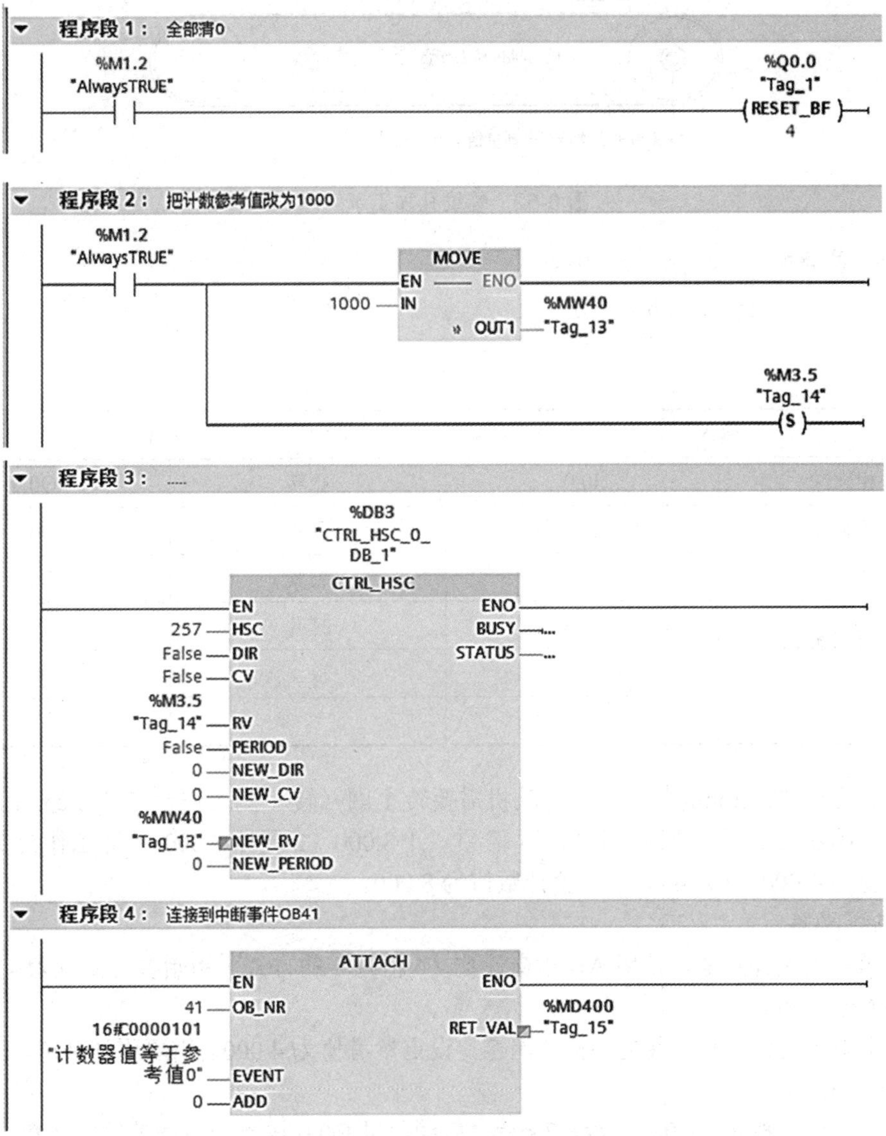

图 6-51　OB43 程序

任务实施

螺纹孔加工示意图如图 6-52 所示，在螺纹孔加工过程中要进行钻孔和攻丝这两道工序。

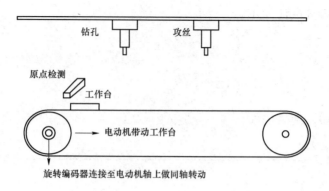

图 6-52　螺纹孔加工示意图

1. I/O 点分配

PLC 的 I/O 分配表如表 6-4 所示。

表 6-4　I/O 分配表

输入		输出	
A 相脉冲	I0.0	正转	Q0.0
B 相脉冲	I0.1	反转	Q0.1
原点	I0.2	夹紧	Q0.2
终点	I0.3	打孔	Q0.3
启动	I0.4	攻丝	Q0.4
停止	I0.5		

工作台走至 72.22 mm 的位置，电动机需要转 1 圈（转 1 圈工作台走 72.22 mm，电动机转 2 圈，编码器转 2 圈，高速计数器（4 倍频）计 8 000（2 圈计 8 000），即工作台 72.22 mm 位置计数值为 4 000，144.44 mm 位置计数值为 8 000。

2. 编程思路

（1）组态高速计数器，使用 AB 相交计数（4 倍频）的方式，初始参考值设为 4 000 并连接到位中断子程序。

（2）上电自动回原点，并把当前值清零，设定参考值为 4 000，需要用到高速计数器控制指令 CTRL_HSC。

（3）按下启动按钮，Q0.2 夹紧，2 s 后，启动前进 Q0.0 皮带轮带动编码器计数，计 4 000 时，触发中断。

（4）中断子程序功能：立即停止 Q0.0；接通到位信号（M10.0）。

（5）执行步骤（2）：Q0.3 打孔，并同时把参考值设为 8 000，延时 2 s，进入下一步，接通 Q0.0 前进，计到 8 000 触发中断。

（6）中断子程序功能：立即停止 Q0.0；接通到位信号（M10.0）。

（7）执行步骤（3）：Q0.4 攻丝，并同时把参考值设为 20 000（返回停止使用的是原点信号停止，不使用中断），延时 2 s。

（8）执行步骤（4）：接通 Q0.1 返回，等待原点信号，原点信号一接通，立即停止 Q0.1，同时把当前值清零（延时 0.5 秒），把参考值设为 4 000。

（9）返回就绪状态，继续下一个循环。

3. 高速计数器组态

通道 0 和通道 1 的输入滤波时间设置为 10 μs，如图 6-53 所示。

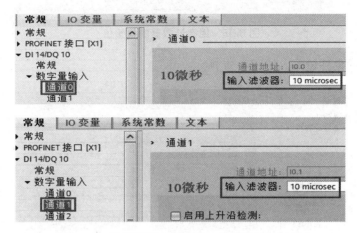

图 6-53　设置通道 0 和通道 1 的输入滤波时间

启用高速计数器，如图 6-54 所示。

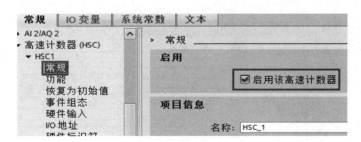

图 6-54　启用高速计数器

组态计数器的功能，如图 6-55 所示。

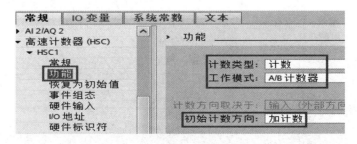

图 6-55　组态计数器的功能

组态计数器的初始值，如图 6-56 所示。

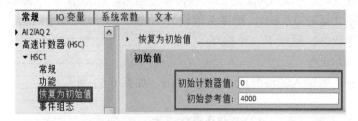

图 6-56　组态计数器的初始值

组态计数器的硬件输入，如图 6-57 所示。

图 6-57　组态计数器的硬件输入

组态计数器的事件，如图 6-58 所示。

图 6-58　组态计数器的事件

组态计数器的 I/O 地址，如图 6-59 所示。

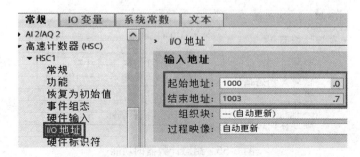

图 6-59　组态计数器的 I/O 地址

组态计数器的硬件标识符，如图 6-60 所示。

图 6-60　组态计数器的硬件标识符

组态系统和时钟存储器，如图 6-61 所示。

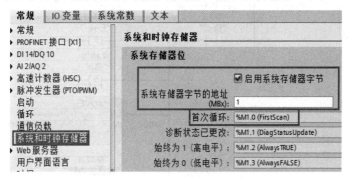

图 6-61　组态系统和时钟存储器

定义变量表如图 6-62 所示，根据控制要求设计每个程度段的功能如图 6-63 所示。

	名称	数据类型	地址
1	A相脉冲	Bool	%I0.0
2	B相脉冲	Bool	%I0.1
3	原点	Bool	%I0.2
4	终点	Bool	%I0.3
5	启动	Bool	%I0.4
6	停止	Bool	%I0.5
7	正转	Bool	%Q0.0
8	反转	Bool	%Q0.1
9	夹紧	Bool	%Q0.2
10	打孔	Bool	%Q0.3
11	攻丝	Bool	%Q0.4
12	System_Byte	Byte	%MB1
13	FirstScan	Bool	%M1.0
14	DiagStatusUpdate	Bool	%M1.1
15	AlwaysTRUE	Bool	%M1.2
16	AlwaysFALSE	Bool	%M1.3
17	Tag_1	Bool	%M2.0
18	清0	Bool	%M8.0
19	设置参考值	Bool	%M8.1
20	到位信号	Bool	%M10.0
21	Tag_2	Int	%MW500
22	Tag_3	Bool	%M2.1
23	Tag_4	Bool	%M2.2
24	Tag_5	Bool	%M2.3
25	Tag_6	Bool	%M2.4
26	Tag_7	Bool	%M2.5
27	Tag_8	Bool	%M2.6
28	Tag_9	Bool	%M2.7

图 6-62　定义变量表

▶ **程序段 1：** 上电初始化
▶ **程序段 2：** 上电回原点
▶ **程序段 3：** 自动就绪
▶ **程序段 4：** 夹紧
▶ **程序段 5：** 前进到4000位置
▶ **程序段 6：** 打孔·延时2秒
▶ **程序段 7：** 前进到8000位置
▶ **程序段 8：** 攻丝·延时2秒
▶ **程序段 9：** 返回·并且停止
▶ **程序段 10：** 高速计数控制指令·设置当前值·参考值

图 6-63　程度段的功能

4. 设计程序

（1）OB1 程序。

OB1 程序如图 6-64 所示。

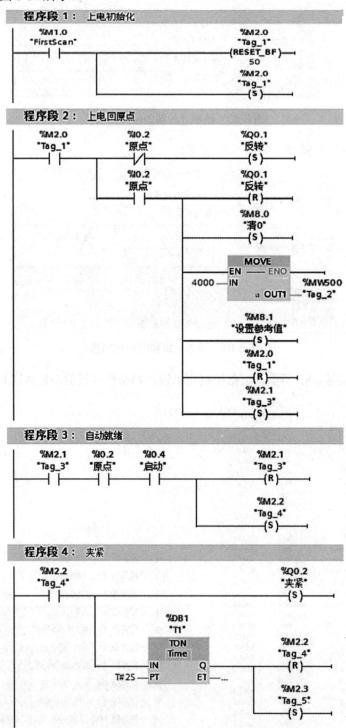

图 6-64　OB1 程序（1）

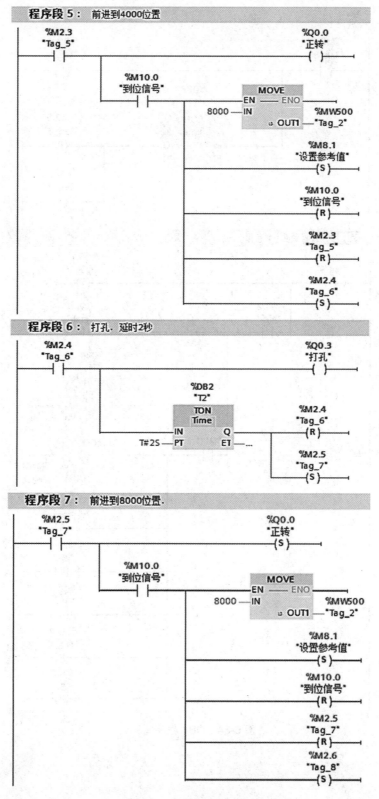

图 6-64 OB1 程序（2）

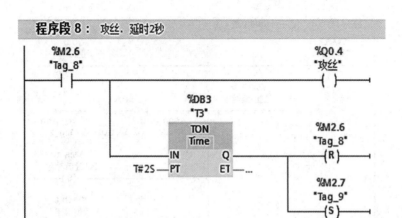

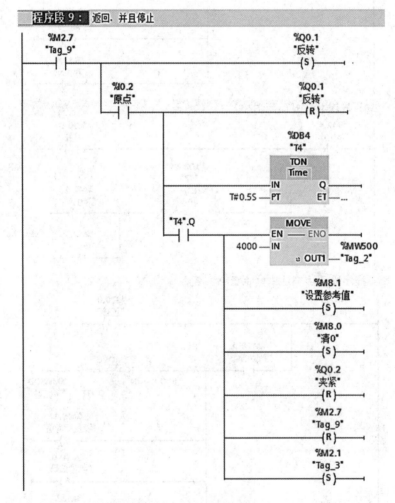

图 6-64　OB1 程序（3）

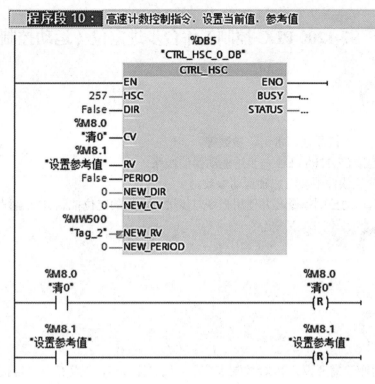

图 6-64　OB1 程序（4）

（2）中断程序 OB40。

中断程序如图 6-65 所示。

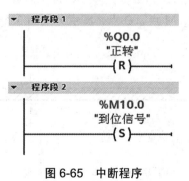

图 6-65　中断程序

任务思政

　　高速计数器与编码器结合使用，用来进行精确定位控制。与之类似，党带领全国人民开展"精准扶贫、精准脱贫"是一个伟大创举，扶贫脱贫是我党的头等大事，也是头等难事，全国动员、全民参与，集聚全社会的力量是取得胜利的保证，通过精准扶贫帮助贫困地区人民甩掉贫困的帽子，为进一步实现中华民族伟大复兴"中国梦"打下基础。

211

任务 22　S7-1200 PLC 控制工作台步进定位（运动控制指令）

学习目标

- 识别步进电动机原理、术语、参数等。
- 能正确连接 S7-1200 PLC 与步进驱动器的线路。
- 在 TIA 博途软件中会组态轴运动参数。
- 理解常用运动控制指令，并使用指令对步进电动机的定位控制进行编程。

建议学时

6 课时

工作情景

公司接到订单，需要设计 PLC 控制步进电动机定位程序，现将任务交给技术组完成，如你是技术组中的一员，请你按要求完成公司任务，控制要求如下：

某工作台由步进电动机带动丝杆而左右运动，如图 6-66 所示，工作台上电回原点（O 点），按启动按钮，工作台运动到 20 mm（A 点）处，停 3 秒；工作台运动到 50 mm（B 点）处，停 4 秒；工作台运动到 100 mm（C 点）处，停 5 秒，然后返回原点（O 点）停止。M 点是左限位保护，N 点是右限位保护，M 点、O 点、N 点分别由 3 个接近开关检测。

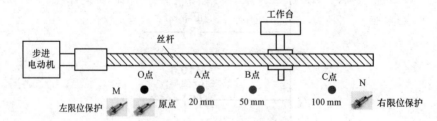

图 6-66　工作台运动示意图

知识导图

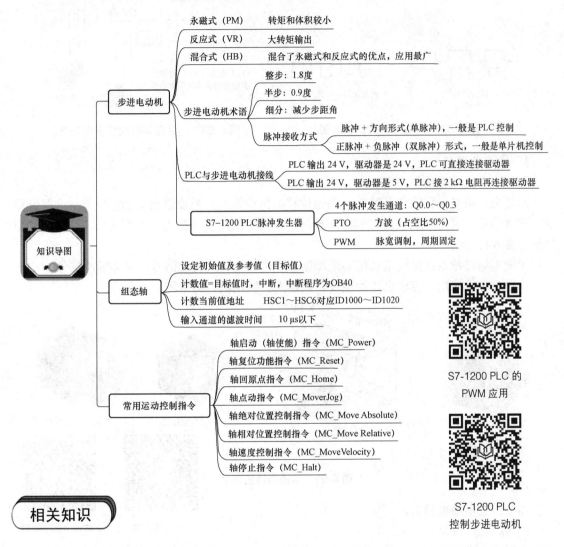

S7-1200 PLC 的
PWM 应用

S7-1200 PLC
控制步进电动机

相关知识

　　CPU 有两个脉冲发生器（PTO/PWM），S7-1200 CPU 提供了 4 个输出通道用于高速脉冲输出，分别可组态为 PTO 或 PWM，通过 Q0.0～Q0.3 输出。

　　PWM：周期固定，脉冲宽度可调。它在很多方面类似于模拟量，比如它可以控制电动机的转速、阀门的位置等，如图 6-67 所示。

　　PTO：占空比（50%）固定的方波，如图 6-67 所示。

　　PTO 的功能只能由运动控制指令来实现，PWM 功能使用 CTRL_PWM 指令块实现，当一个通道被组态为 PWM 时，将不能使用 PTO 功能，反之亦然。

　　如图 6-68 所示，利用 PLC 内部的高速计数器发出的脉冲控制步进电动机或伺服电动机。控制高速计数器脉冲频率可控制步进电动机的转速，控制高速计数器脉冲个数可控制步进电动机前进的位置。

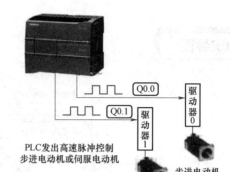

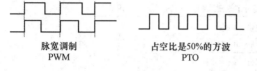

图 6-67　PWM 和 PTO 波形图　　图 6-68　高速脉冲控制步进电动机

1. 步进电动机

（1）步进电动机基本原理。

步进电动机是一种将电脉冲转化为角位移的执行机构。当步进驱动器接收到一个脉冲信号，它就驱动步进电动机按设定的方向转动一个固定的角度（称为"步距角"），步进电动机外形如图 6-69 所示。

步进电动机特点：步进电动机必须加驱动才可以运转，驱动信号必须为脉冲信号。

步进电动机应用：打印机、绘图仪、机器人、绣花机、机床等。

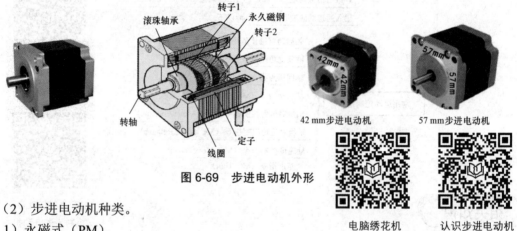

图 6-69　步进电动机外形

电脑绣花机　　认识步进电动机

（2）步进电动机种类。

1）永磁式（PM）。

永磁式步进电动机一般为两相，转矩和体积较小，步距角一般为 7.5°或 15°。

2）反应式（VR）。

反应式步进电动机一般为三相，可实现大转矩输出，步距角一般为 1.5°，但噪声和振动大。

3）混合式（HB）。

混合式步进电动机混合了永磁式和反应式的优点，分为两相和五相，两相步距角一般为 1.8°，而五相步距角一般为 0.72°，这种步进电动机的应用最为广泛。

步进电动机根据其横截面分为 42 mm、57 mm、86 mm、110 mm 等电动机。

（3）步进电动机绕组。

步进电动机的出线方式有 4 线、6 线、8 线等，如图 6-70 所示。电动机绕组可用万用表测量，接通的就是同一个绕组；也可以用以下方法判断绕组，把步进电动机的任意两根绕组短接，转动电动机轴，如阻力变大了，说明这是同一绕组的两根线。

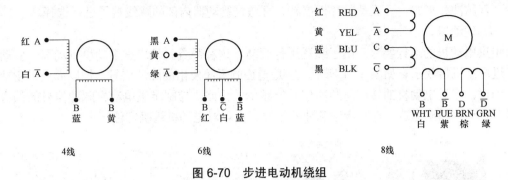

图 6-70　步进电动机绕组

（4）常用术语。

步距角：每输入一个电脉冲信号时转子转过的角度称为步距角。步距角的大小可直接影响电动机的运行精度。

整步：最基本的驱动方式，这种驱动方式的每个脉冲使电动机移动一个基本步矩角。例如：标准两相电动机的一圈共有 200 个步矩角，则整步驱动方式下，每个脉冲使电动机移动 1.8°。

半步：在单相激磁时，电动机转轴停至整步位置上，驱动器收到下一个脉冲后，如给另一相激磁且保持原来相继续处在激磁状态，则电动机转轴将移动半个基本步矩角，停在相邻两个整步位置的中间。如此循环地对两相线圈进行单相然后两相激磁，步进电动机将以每个脉冲半个基本步矩角的方式转动。

细分：细分就是指电动机运行时的实际步矩角是基本步矩角的几分之一。如：驱动器工作在 10 细分状态时，其步矩角只为电动机固有步矩角的十分之一，也就是说，当驱动器工作在不细分的整步状态时，控制系统每发一个步进脉冲，电动机转动 1.8°，而用细分驱动器工作在 10 状态时，电动机只转动了 0.18°。细分功能完全是由驱动器靠精度控制电动机的相电流所产生的，与电动机无关。

细分驱动方式不仅可以减小步进电动机的步距角，提高分辨率，而且可以减少或消除低频振动，使电动机运行更加平稳均匀。

3S57Q-04056 步进电动机步距角为 1.8°，即在无细分的条件下 200 个脉冲电动机转一圈（通过驱动器设置细分精度最高可以达到 10 000 个脉冲电动机转一圈）。

（5）步进电动机的选型。

1）驱动器的电流。电流是判断驱动器能力大小的依据，是选择驱动器的重要指标之一，通常驱动器的最大额定电流要略大于电动机的额定电流，通常驱动器的电流为 2.0 A、3.0 A、6.0 A 或 8.0 A。

2）驱动器的供电电压。供电电压是判断驱动器升速能力的标志，常规电压供给有 24 V（DC）、40 V（DC）、60 V（DC）、80 V（DC）、110 V（AC）、220 V（AC）等。

3）驱动器的细分。细分是控制精度的标志，通过增大细分能改善精度。步进电动机都有低频振荡的特点，如果电动机需要在低频共振区工作，细分驱动器是很好的选择。此外，细分和不细分相比，输出转矩对各种电动机都有不同程度的提升。

4）脉冲信号：一种为脉冲+方向形式（单脉冲），一般是 PLC 控制；另一种为正脉冲+负脉冲（双脉冲）形式，一般是单片机控制。可通过驱动器内部的跳线端子进行选择。

（6）驱动器。

步进电动机的运行要有一电子装置进行驱动，这种装置就是步进电动机驱动器，驱动器和步进电动机接线示意如图 6-71 所示，它是把控制系统发出的脉冲信号，加以放大以驱动步进电动机。步进电动机的转速与脉冲信号的频率成正比，控制步进电动机脉冲信号的频率，可以对电动机精确调速；控制步进脉冲的个数，可以对电动机精确定位。

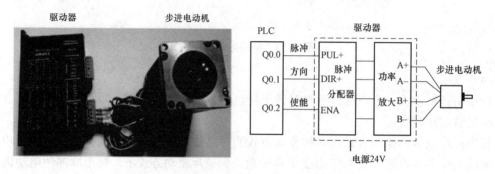

图 6-71　驱动器和步进电动机接线示意图

驱动器设定参数如图 6-72 所示。

1）设定输出到电动机的电流。

2）设定细分（每转的脉冲数量），细分太小，步进电动机容易振动；细分太大，步进电动机容易发热。

3）设定脉冲接收方式：单脉冲（脉冲+方向）、双脉冲（正脉冲+负脉冲）。

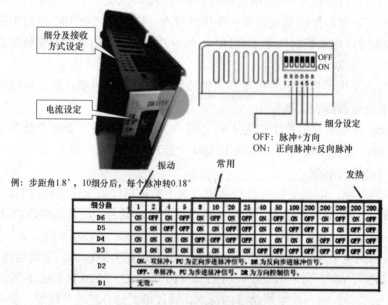

例：步距角1.8°，10细分后，每个脉冲转0.18°

细分数	1	2	4	5	8	10	20	25	40	50	100	200	200	200	200	200
D6	ON	OFF	ON	OFF	ON	OFF	ON	OFF	ON	OFF	ON	OFF	ON	OFF	ON	OFF
D5	ON	ON	OFF	OFF	ON	ON	OFF	OFF	ON	ON	OFF	OFF	ON	ON	OFF	OFF
D4	ON	ON	ON	ON	OFF	OFF	OFF	OFF	ON	ON	ON	ON	OFF	OFF	OFF	OFF
D3	ON	ON	ON	ON	ON	ON	ON	ON	OFF	OFF	OFF	OFF	OFF	OFF	OFF	OFF
D2	ON，双脉冲：PU 为正向步进脉冲信号，DR 为反向步进脉冲信号。															
	OFF，单脉冲：PU 为步进脉冲信号，DR 为方向控制信号。															
D1	无效。															

图 6-72　驱动器设定参数

（7）步进脉冲接收方式。

步进脉冲接收方式有脉冲+方向方式和正脉冲+负脉冲方式。

1）脉冲+方向方式。

脉冲+方向方式通过方向端子的通断来决定步进电动机转动的方向，这种方式的控制器一般是 PLC，如图 6-73 所示。

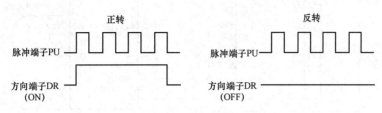

图 6-73　脉冲+方向方式

2）正脉冲+负脉冲方式。

如图 6-74 所示，脉冲端子有脉冲，正转；方向端子有脉冲，反转。这种方式的控制器一般是采用单片机控制。

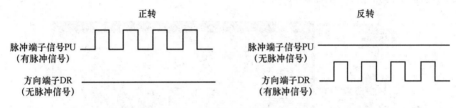

图 6-74　正脉冲+负脉冲方式

（8）S7-1200 PLC 与步进驱动器的接线。

如图 6-75 所示，PLC 输出是 24 V 时，如步进驱动电源是 24 V，PLC 输出可直接连接驱动器；如图 6-76 所示，PLC 输出是 24 V 时，如步进驱动电源是 5 V，PLC 输出接 2 kΩ电阻再连接到驱动器。

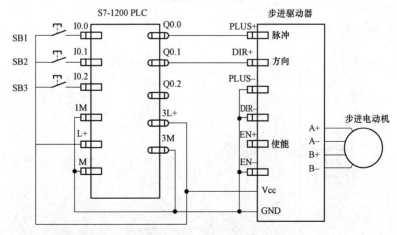

PLC输出是24 V，步进驱动器输入是24 V时，直接连接

图 6-75　PLC 与驱动器直接连接

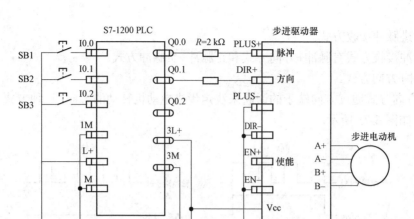

PLC 输出是 24 V，步进驱动器输入是 5 V 时，接 2 kΩ 的电阻

图 6-76　PLC 与驱动器通过电阻连接

2. 组态轴

在工艺对象中添加轴，如图 6-77 所示。

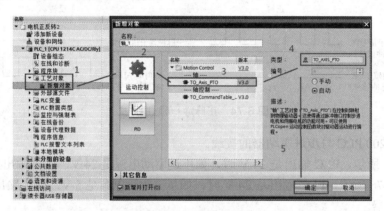

图 6-77　添加轴

组态轴，如图 6-78 所示。

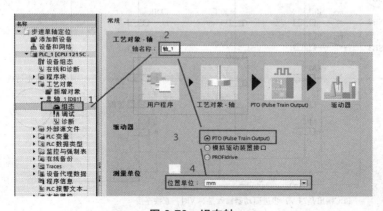

图 6-78　组态轴

组态轴的常规项，如图 6-79 所示。

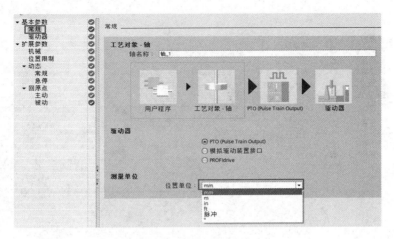

图 6-79 组态轴的常规项

组态轴的驱动器，如图 6-80 所示。

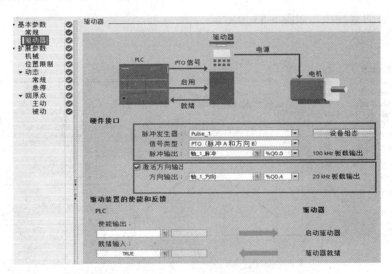

图 6-80 组态轴的驱动器

组态轴的机械参数，如图 6-81 所示。

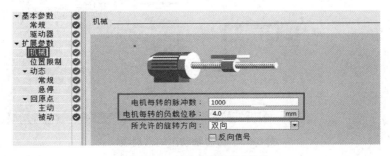

图 6-81 组态轴的机械参数

组态轴的限位，如图 6-82 所示。

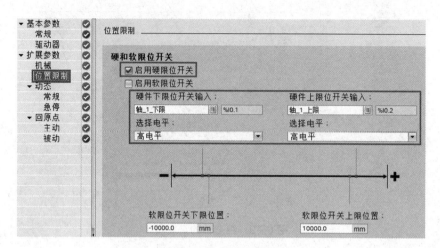

图 6-82 组态轴的限位

组态轴动态的常规项，如图 6-83 所示。

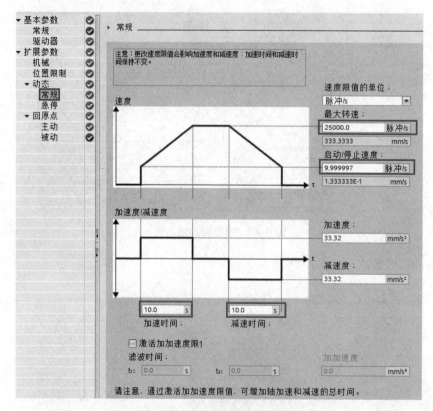

图 6-83 组态轴动态的常规项

组态轴的急停，如图 6-84 所示。

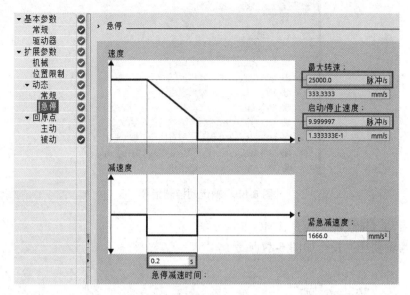

图 6-84　组态轴的急停

组态轴回原点，如图 6-85 所示。

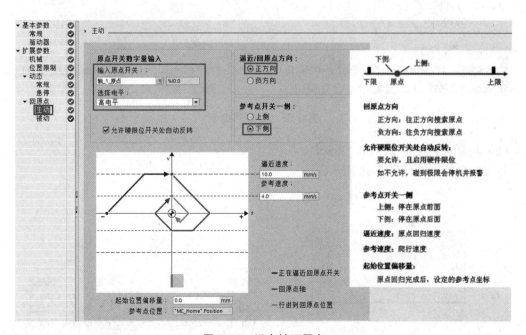

图 6-85　组态轴回原点

3. 常用运动控制指令

运动控制指令使用工艺数据块来控制轴运动，通过"工艺"/Motion Control（运动控制）来获得各种轴控制指令，如图 6-86 所示。

图 6-86　轴运动控制指令

（1）轴启动（轴使能）指令（MC_Power）。

轴启动（轴使能）指令如图 6-87 所示。

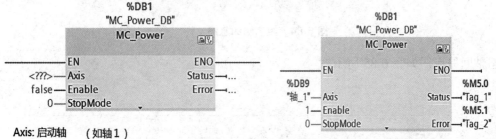

Axis: 启动轴　（如轴 1）

Enable: 使能端　（Enable=1 启动轴，Enable=0 禁用轴）

StopMode:停止模式　（0：紧急停止，1：立即停止）

Status:启动状态（Status=1,轴已启用；Status=0,轴已禁用）

Error:错误状态（轴运动发生错误时Error=1；无错误时Error=0）

图 6-87　轴启动指令

（2）轴复位功能指令（MC_Reset）。

轴复位功能指令如图 6-88 所示。

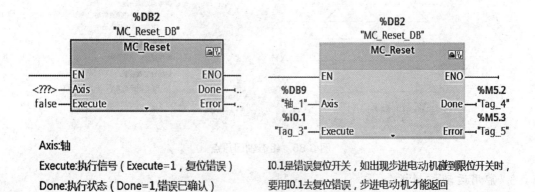

Axis:轴

Execute:执行信号（Execute=1，复位错误）

Done:执行状态（Done=1,错误已确认）

I0.1是错误复位开关，如出现步进电动机碰到限位开关时，要用I0.1去复位错误，步进电动机才能返回

图 6-88　轴复位功能指令

（3）轴回原点指令（MC_Home）。

定位需要有一个基准点或原点，这就要用到轴回原点指令，如图 6-89 所示。

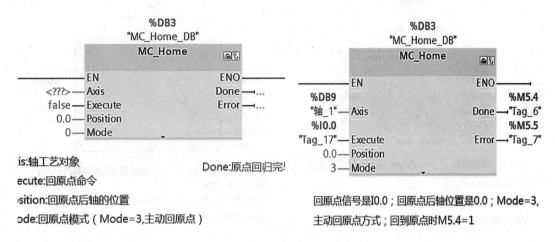

is:轴工艺对象

ecute:回原点命令

sition:回原点后轴的位置

ode:回原点模式（Mode=3,主动回原点）

Done:原点回归完!

回原点信号是I0.0；回原点后轴位置是0.0；Mode=3,
主动回原点方式；回到原点时M5.4=1

图 6-89　轴回原点指令

（4）轴点动指令（MC_MoveJog）。

轴点动指令如图 6-90 所示。

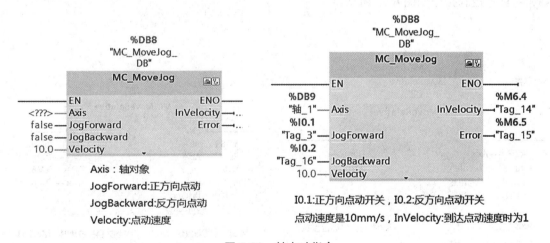

Axis：轴对象

JogForward:正方向点动

JogBackward:反方向点动

Velocity:点动速度

I0.1:正方向点动开关，I0.2:反方向点动开关

点动速度是10mm/s，InVelocity:到达点动速度时为1

图 6-90　轴点动指令

（5）轴绝对位置控制指令（MC_MoveAbsolute）。

绝对位置是走到坐标点，必须先进行回原点操作，如图 6-91 所示，轴绝对位置控制指令
如图 6-92 所示。

图 6-91　小车绝对位置示意图

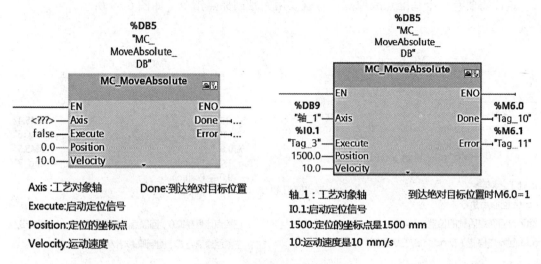

图 6-92　轴绝对位置控制指令

（6）轴相对位置控制指令（MC_MoveRelative）。

轴相对位置控制不需要定坐标，不需要回原点操作，只需要定义运动距离、方向和速度，轴相对位置控制指令如图 6-93 所示。

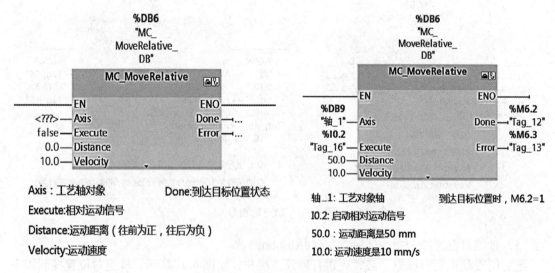

图 6-93　轴相对位置控制指令

（7）轴速度控制指令（MC_MoveVelocity）。

轴速度控制指令如图 6-94 所示。

（8）轴停止指令（MC_Halt）。

轴速度控制指令使轴运动后不能停止，必须用轴停止指令才能停止，轴停止指令如图 6-95 所示。

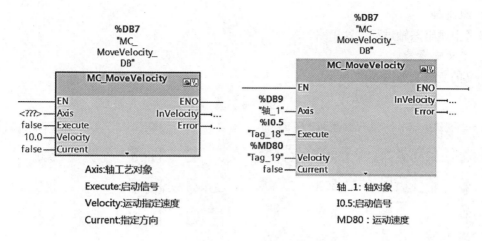

图 6-94 轴速度控制指令

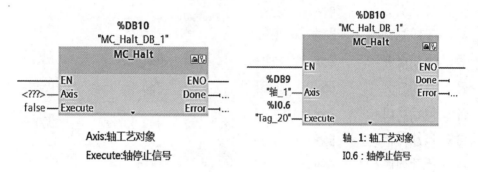

图 6-95 轴停止指令

任务实施

1. 任务分析

功能要求、输入点分配、输出点分配和编程步骤如图 6-96 所示。

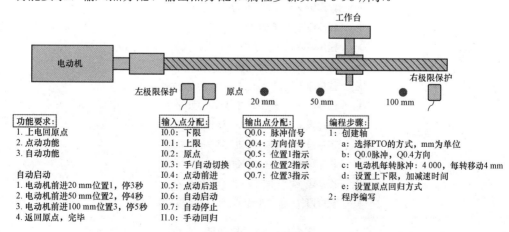

功能要求:	输入点分配:	输出点分配:	编程步骤:
1. 上电回原点	I0.0: 下限	Q0.0: 脉冲信号	1: 创建轴
2. 点动功能	I0.1: 上限	Q0.4: 方向信号	a: 选择PTO的方式, mm为单位
3. 自动功能	I0.2: 原点	Q0.5: 位置1指示	b: Q0.0脉冲, Q0.4方向
	I0.3: 手/自动切换	Q0.6: 位置2指示	c: 电动机每转脉冲: 4 000, 每转移动4 mm
自动启动	I0.4: 点动前进	Q0.7: 位置3指示	d: 设置上下限, 加减速时间
1. 电动机前进20 mm位置1, 停3秒	I0.5: 点动后退		e: 设置原点回归方式
2. 电动机前进50 mm位置2, 停4秒	I0.6: 自动启动		2: 程序编写
3. 电动机前进100 mm位置3, 停5秒	I0.7: 自动停止		
4. 返回原点, 完毕	I1.0: 手动回归		

图 6-96 功能要求、输入点分配、输出点分配和编程步骤

2. 组态轴

参考上述组态轴过程，这里略。

3. 定义变量表

定义的变量表如图 6-97 所示。

		名称	数据类型	地址
1		轴_1_脉冲	Bool	%Q0.
2		轴_1_方向	Bool	%Q0.
3		轴_1_下限	Bool	%I0.1
4		轴_1_上限	Bool	%I0.2
5		轴_1_原点	Bool	%I0.0
6		手动/自动	Bool	%I0.3
7		点动前进	Bool	%I0.4
8		点动后退	Bool	%I0.5
9		自动启动	Bool	%I0.6
10		自动停止	Bool	%I0.7
11		手动回原点	Bool	%I1.0

32		Tag_7	Bool	%M
33		Tag_8	Bool	%M
34		Tag_9	Bool	%M
35		Tag_10	Bool	%M
36		Tag_11	Bool	%M
37		Tag_12	Bool	%M
38		Tag_13	Bool	%M
39		Tag_14	Bool	%M
40		Tag_15	Bool	%M
41		Tag_16	Real	%M

图 6-97 变量表

4. 设计梯形图

梯形图每个程序段的功能如图 6-98 所示，具体程序如图 6-99 所示。

- 程序段 1：上电初始化
- 程序段 2：上电原点回归
- 程序段 3：手动状态
- 程序段 4：自动就绪
- 程序段 5：自动第一步：往前定位20mm
- 程序段 6：自动第二步：停止3秒，灯1亮
- 程序段 7：自动第三步：向前定位30mm
- 程序段 8：自动第四步：停止4秒，灯2亮
- 程序段 9：自动第五步：向前定位50mm
- 程序段 10：自动第六步：停止5秒
- 程序段 11：自动第七步：回到原点
- 程序段 12：定位数据

图 6-98 程序段功能

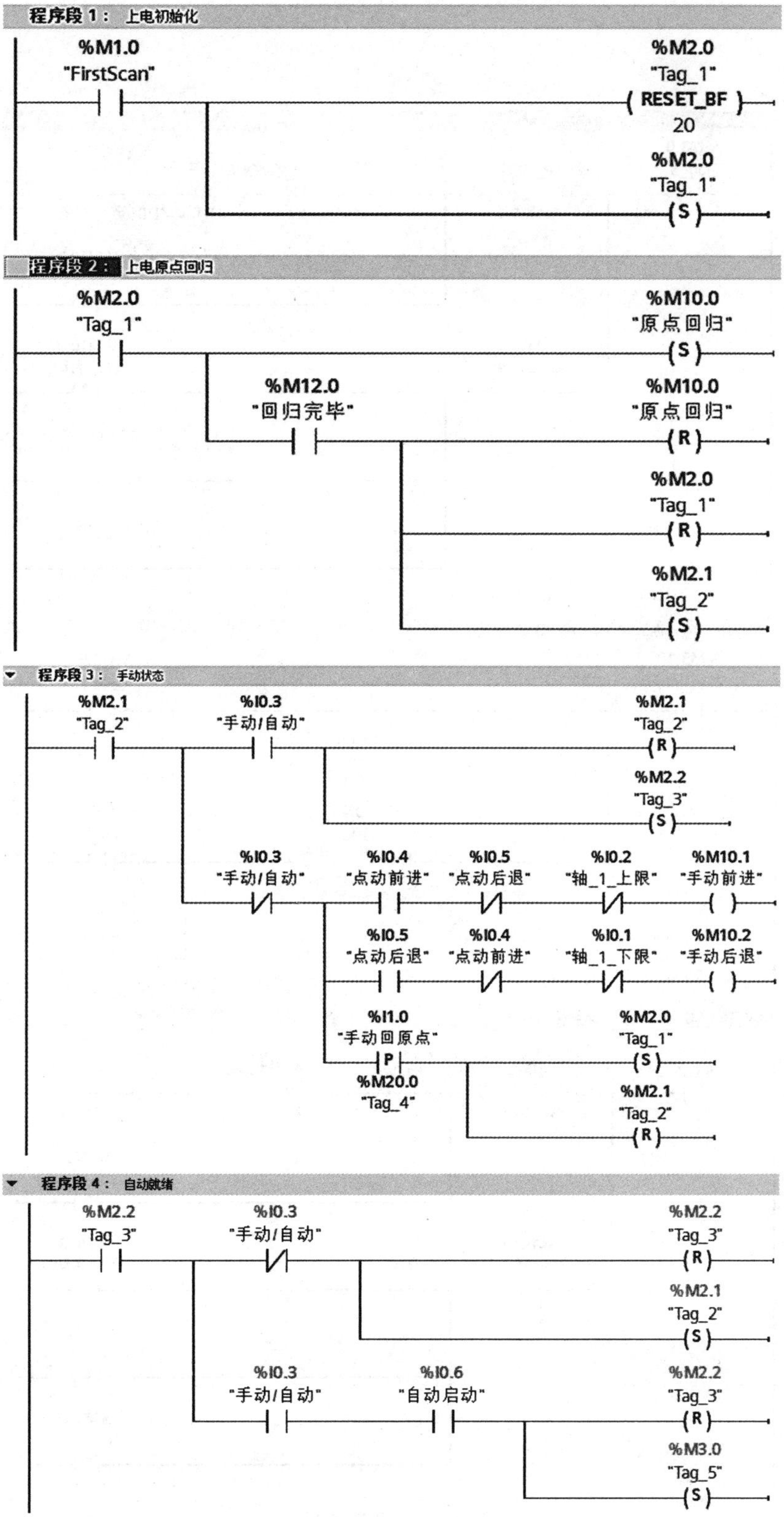

程序段 1：上电初始化

```
%M1.0                                          %M2.0
"FirstScan"                                     "Tag_1"
  ┤├──────────┬──────────────────────────────( RESET_BF )
             │                                    20
             │                                  %M2.0
             │                                  "Tag_1"
             └──────────────────────────────────( S )
```

程序段 2：上电原点回归

```
%M2.0                                          %M10.0
"Tag_1"                                        "原点回归"
  ┤├──────────┬──────────────────────────────( S )
             │  %M12.0                          %M10.0
             │  "回归完毕"                       "原点回归"
             └───┤├───────────┬────────────────( R )
                             │                  %M2.0
                             │                  "Tag_1"
                             ├────────────────( R )
                             │                  %M2.1
                             │                  "Tag_2"
                             └────────────────( S )
```

程序段 3：手动状态

```
%M2.1        %I0.3                              %M2.1
"Tag_2"      "手动/自动"                         "Tag_2"
  ┤├──────┬───┤├─────────┬──────────────────────( R )
         │              │                        %M2.2
         │              │                        "Tag_3"
         │              └──────────────────────( S )
         │  %I0.3       %I0.4      %I0.5    %I0.2        %M10.1
         │  "手动/自动"  "点动前进"  "点动后退" "轴_1_上限"   "手动前进"
         ├───┤/├─────┬──┤├────────┤/├──────┤/├──────────( )
         │          │  %I0.5      %I0.4    %I0.1        %M10.2
         │          │  "点动后退"  "点动前进" "轴_1_下限"   "手动后退"
         │          └──┤├────────┤/├──────┤/├──────────( )
         │  %I1.0                          %M2.0
         │  "手动回原点"                     "Tag_1"
         └───┤P├──────────┬──────────────( S )
            %M20.0        │                %M2.1
            "Tag_4"       │                "Tag_2"
                         └──────────────( R )
```

程序段 4：自动就绪

```
%M2.2        %I0.3                              %M2.2
"Tag_3"      "手动/自动"                         "Tag_3"
  ┤├──────┬───┤/├─────────┬──────────────────────( R )
         │              │                        %M2.1
         │              │                        "Tag_2"
         │              └──────────────────────( S )
         │  %I0.3       %I0.6                    %M2.2
         │  "手动/自动"  "自动启动"                "Tag_3"
         └───┤├─────────┤├──────────┬──────────( R )
                                   │            %M3.0
                                   │            "Tag_5"
                                   └──────────( S )
```

图 6-99　程序（1）

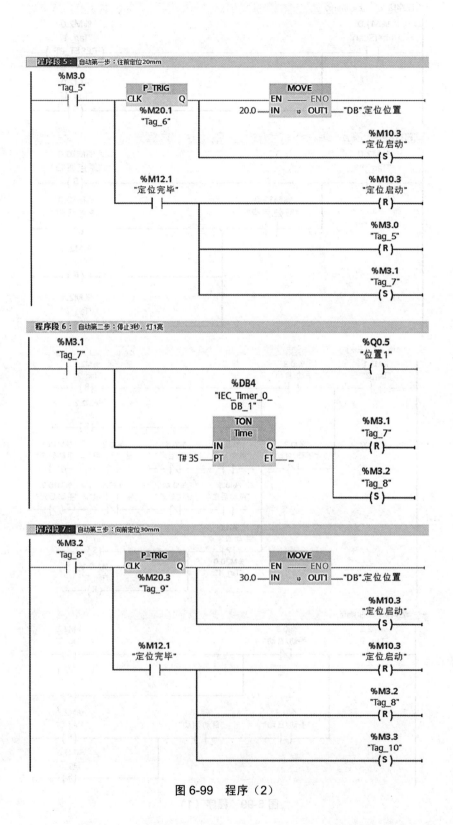

图 6-99　程序（2）

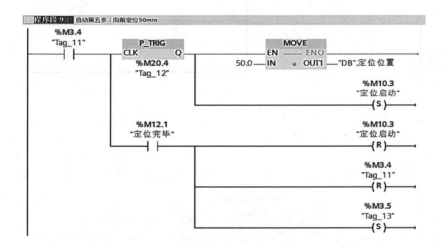

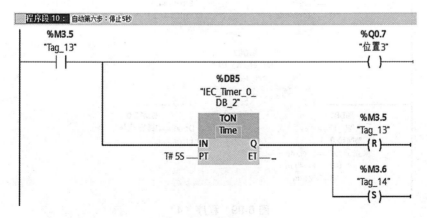

图 6-99　程序（3）

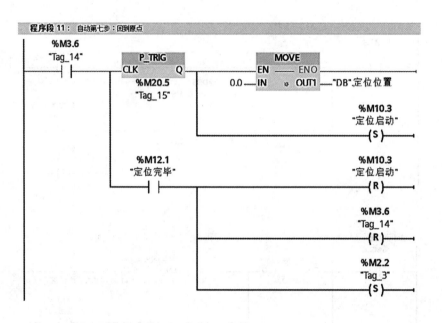

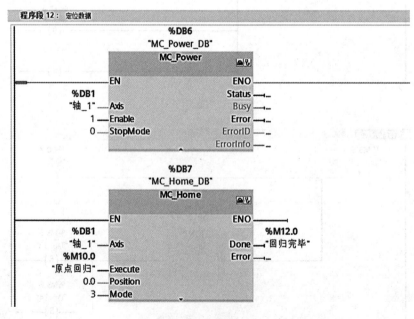

图 6-99　程序（4）

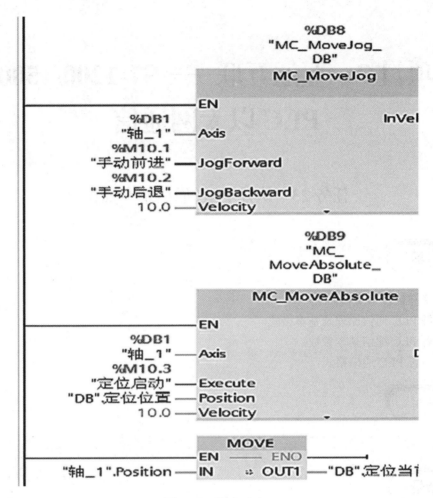

图 6-99　程序（5）

任务思政

　　伺服系统是工业自动化的重要组成部分，是自动化行业中实现精确定位、精准运动的必要途径，是工业机器人的"心脏"。目前，我国伺服电动机产业经过多年的发展，实现了从起步到全面扩展的发展态势，取得了长足进步。华中数控、广州数控、南京埃斯顿、英威腾、东元、汇川等伺服驱动设备生产商进入产业化阶段，但对于高端伺服系统，我国仍处于研发阶段，与国外有一定的差距，但世上无难事，只要肯登攀，经过努力，相信在不久的将来，我国高端伺服系统会迎头赶上并超过国外产品。

项目 7　互通互联——S7-1200/1500 PLC 以太网通信

任务 23　认知 PLC 通信基本知识

学习目标

- 知晓通信接口类型。
- 理解 PLC 通信原理及基本格式。
- 了解 PLC 通信基本参数。
- 能设置 PLC 通信格式。

建议学时

2 课时

工作情景

近年来，随着信息技术发展，工厂自动化通信网络得到迅速发展，很多企业用 PLC、变频器（伺服）、HMI 等设备控制机器人组成柔性自动化生产线，将这些设备构成一个网络，相互通信，交换数据，进行集中管理；学习 PLC 通信知识，构建一个 PLC 与周边设备通信的工业控制自动化网络是学自动化技术的标配。

知识导图

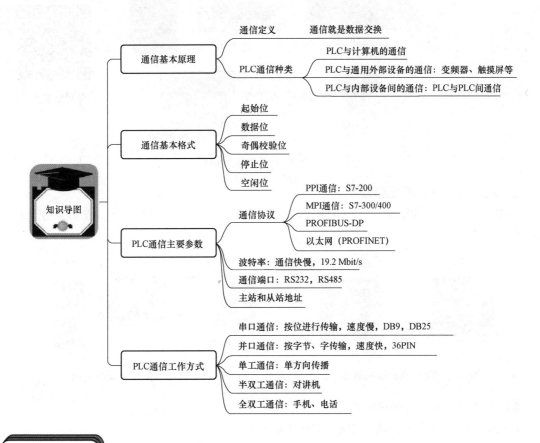

相关知识

1. 通信基本原理

（1）通信定义。

通信：解决数据从哪里来到哪里去的问题。

当任意两台设备之间有信息交换时，它们之间就产生了通信。

PLC 通信的实质是使得相互独立的控制设备构成一个控制工程整体。

PLC 通信的任务就是将地理位置不同的 PLC、计算机、各种现场设备等，通过通信介质连接起来，按照规定的通信协议，以某种特定的通信方式高效率地完成数据的传输、交换和处理，如图 7-1 所示。

（2）PLC 通信种类。

1）PLC 与计算机的通信。

PLC 与计算机的通信如图 7-2 所示，计算机主要是编程、监控调试程序。

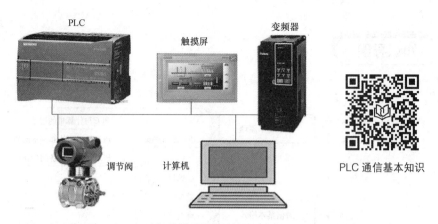

图 7-1　PLC 与其他设备通信

2）PLC 与通用外部设备的通信。

PLC 与具有通用通信接口（如 RS232、RS224）的外部设备（如触摸屏、变频器等）之间的通信，如图 7-3 所示。

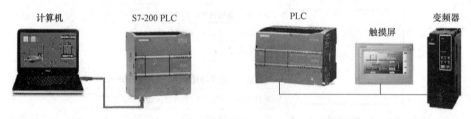

图 7-2　PLC 与计算机通信　　　　　图 7-3　PLC 与通用外部设备的通信

3）PLC 与内部设备间的通信。

① PLC 与远程 I/O 之间的通信，如图 7-4 所示。

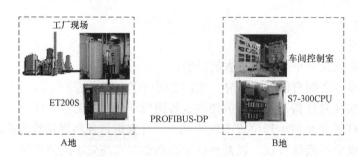

图 7-4　PLC 与远程 I/O 之间的通信

② PLC 与 PLC 之间的通信，如图 7-5 所示。

PLC 的通信原理就和我们人类的对话是一样的，都是你问我答，或我问你答，如图 7-6 所示。只不过我们用的是汉语对话，而 PLC 用的是 PLC 和设备能听懂的语言进行对话。那么 PLC 是怎么说话的？说的又是什么呢？

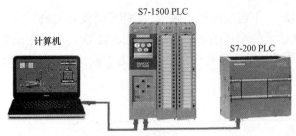

图 7-5　PLC 与 PLC 之间的通信　　　　　图 7-6　人类的对话

PLC 和外部设备进行对话，它对话的方式就是，控制通信端口的输出电压。当想要说 1 时它就输出一个高电压+5 V，当想要说 0 时它就输出一个低电压 0 V。这样它就能够说出无数的 0 和 1，如图 7-7 所示。

这就是 PLC 说话的方式，并且只能说 0 和 1，但这对于 PLC 通信来说已经够了，因为通信设备也都只认识 0 和 1。

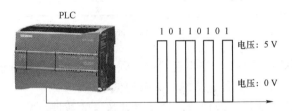

图 7-7　PLC 和外部设备通信数据交换

PLC 和变频器的 1 对 1 的通信示意如图 7-8 所示，PLC 通过通信端口把输出电压变化 8 次，就能输出 8 个 0 或 1，分别是 10110101。因为变频器的通信端口和 PLC 的通信端口是连接在一起的，所以当 PLC 的通信端口电压变化时，变频器的通信端口就能检测到电压的变化，它就能知道 PLC 给它发送的是 0 还是 1，这样 PLC 让电压变化 8 次以后，变频器就能收到和 PLC 发生的一样的 10110101 这一组数据。

那么变频器怎么知道它接收的这一组数据，代表的是什么意思呢？

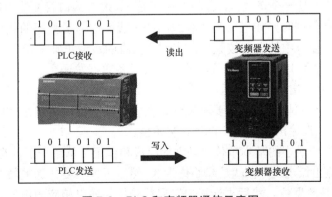

图 7-8　PLC 和变频器通信示意图

2. 通信基本格式

数据通信的格式，在发明通信时就规定好了，我们必须按这个格式发送数据。这个格式就是"帧"，进行通信时最少要发送一个"帧"，不能发送半"帧"，那样通信就会失败。

1 "帧"等于 12 个 0 或 1，也就是说 PLC 通信端口的高低电压要变化 12 次，才能完成 1 "帧"。（注：也有 11 次或 10 次为 1 帧的，原理一样，这里只介绍 12 次为 1 帧的）。下面介绍一下这一"帧"是怎么组成的，如图 7-9 所示。

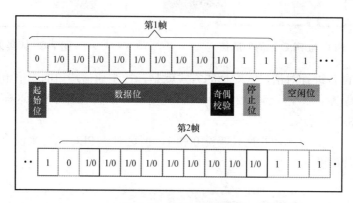

图 7-9 "帧"的含义

（1）如图 7-9 所示，帧的第 1 位叫起始位，顾名思义，就是告诉设备我要开始发送数据了，注意这一位必须是 0，也就是通信端口要输出低电压。

（2）帧的第 2 位至第 9 位叫数据位，这就是要传送的数据，共 8 个位，也就是说通信端口的高低电压要变化 8 次。可以传送二进制 0000 0000～1111 1111 之间的任何一个数，用十进制表示就是 0～255 之间的任何一个数。8 个位等于 1 个字节，也就是说 1 帧最多只能传送 1 个字节数据。

（3）帧的第 10 位叫奇偶校验位，这一位可以是 0，也可以是 1。这一位的作用是对前面的 8 个数据位中是 1 的位，做一个简单的奇偶数的校验。比如 8 个数据位要传送的是 01001101 这个数据，这个数据里面是 1 的位共有 4 个，那么 4 就是一个偶数，奇偶校验位就是 0，通信端口就要输出低电压。如果 8 个数据位要传送的是 11001101 这个数据，这个数据里面是 1 的位共有 5 个，那么 5 就是一个奇数，奇偶校验位就是 1，通信端口就要输出高电压。有了这个奇偶校验位，在传送数据时，如果因为各种原因的干扰而破坏了真正的数据时，接收端的设备就可以通过查询"帧"中的奇偶校验位，来判断接收的数据正确与否。

（4）帧的第 11 位和 12 位为停止位，就是告诉设备数据发送完成了，注意这两位必须是 1，也就是通信端口要输出两次高电压。

（5）空闲位不算在"帧"中，只要不发送数据了，停止位以后都是空闲位，空闲位都是 1，也就是通信端口一直输出高电压，直到有起始位。

以上就是数据通信最小的基本单位"帧"的组成和作用。总结一下，当 PLC 要发送数据时，通信端口首先输出低电压，也就是起始位为 0。然后再根据要传送的数据使端口输出高低电压共 8 次，也就是数据位。然后再计算出奇偶校验位，输出相应的电压。接着就输出停止位，这样 1 "帧"的通信就完成了。

如图 7-10 所示，它演示的是 PLC 把十进制的 181 这个数传送给另一个设备。十进制的 181 转换成二进制就是 1011 0101，然后通过一个帧把它发送出去。

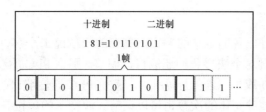

图 7-10 PLC 传送"帧"数据

3. PLC 通信主要参数

通信协议、波特率、通信端口、主站和从站地址是 PLC 通信的几个重要参数。

（1）通信协议。

通信协议就是一种语言，一种通信双方都能听得懂的语言，如图 7-11 所示，就好比我们和别人讲话时，我们用汉语别人也要用汉语，双方才能听得懂，如果我们用汉语别人用英语，那么谁也听不懂对方说的是什么，通信也就无法进行。人类常用的语言有汉语、英语、日语等，而 PLC

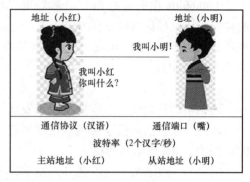

图 7-11 通信协议

常用的通信协议有 MODBUS RTU、PPI、MPI、PROFIBUS、工业以太网等。

西门子 PLC 通信协议如下。

1）PPI 通信：PPI 协议是专门为 S7-200 PLC 开发的通信协议。

主从协议，S7-200 通信接口，波特率为 9.6 Kbit/s、19.2 Kbit/s、187.5 Kbit/s，通信距离 50 米。

2）MPI 通信：MPI 是多点接口（Multi-Point Interface），适用于 S7-200/300/400 PLC，波特率是 187.5 Kbit/s，S7-300/400 通信接口，通信距离 50 m。

3）PROFIBUS-DP（现场总线）：波特率为 1.5 Mbit/s，通信距离为 1 200 m，属于设备层控制。

4）以太网（PROFINET）：波特率为 100 Mbit/s、1 Gbit/s，控制网络连到互联网，数据量大，传输距离远，实时性差。

西门子不同通信形式的各种电缆如图 7-12 所示。

PPI电缆　　　　　　MPI电缆　　　　　PROFIBUS-DP电缆　　　　　以太网接口

图 7-12 西门子通信电缆

PROFINET 和 PROFIBUS 是 PNO（PROFIBUS 用户组织）推出的两种现场总线，PROFINET 基于工业以太网，而 PROFIBUS 基于 RS485 串行总线，两者协议上由于介质不同而完全不同，没有任何关联。

（2）波特率。

波特率的意思，就好比我们说话的频率，嘴慢的一秒说 1 个字，嘴快的一秒可以说 3 个字，如图 7-11 所示，并且这个快慢我们还能自己调节。那么 PLC 的波特率的意思就是，一秒钟可以往外发送多少个 0 或 1，结合上面所述，就是 PLC 通信端口的高低电压一秒钟可以变化多少次，并且这个一秒钟变化的次数也可以调节。波特率的单位是 bit/s。常用的波特率有 9 600 bit/s，19 200 bit/s 等。

9 600 bit/s 指的就是 PLC 一秒钟可以往外发送 9 600 个 0 或 1，也就是 PLC 的通信端口的高低电压一秒钟可以变化 9 600 次。PLC 通信时必须按"帧"发送数据，1"帧"=12 位，也就是 1"帧"=12 个 0 或 1。所以波特率为 9 600 bit/s 时，一秒钟就可以发送 800 帧的数据（9 600/12=800）。

（3）通信端口。

通信端口指的就是数据要从哪里发送出去。就像我们说话需要用嘴，PLC 通信就用通信端口，两个设备的通信连接线就接在通信端口上。PLC 常用的通信端口有 RS-232、RS-485、RS-422 等，RS 表示推荐标准。

RS-232 与 RS-485 通信接口如图 7-13 所示。

★RS-232 通信接口。

RS-232 接口的输出电压是在 +15 V 和–15 V 之间来回变化的。发送线接第 3 引脚，一根接收线接第 2 引脚，一根公用信号线接第 5 引脚，只能 1 对 1 地发送接收数据。

★RS-485 通信接口。

RS-485 接口的输出电压范围是 +12 V～–7 V，而 RS-232 接口的输出电压是在 +15 V 和 –15 V 之间来回变化的，因为它们两个接口电压不同，直接接在一起就会烧毁驱动芯片，这就是为什么 RS-232 接口和 RS-485 接口不能直接接在一起的原因。发送线接第 3 引脚，一根接收线接第 8 引脚，一根公用信号线接第 5 引脚，1 对 128 地发送接收数据。

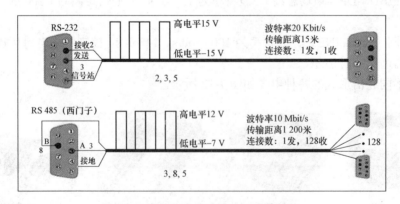

图 7-13　RS-232 和 RS-485 通信接口

计算机一般是 RS-232 接口，PLC 一般是 RS-485 接口，近几年 PLC 大部分采用了以太网接口 RJ45。

RS-485 接口与以太网的区别：RS-485 是用来传输控制信号的，以太网是通过互联网获得网络数据的。RS-485 用 2 芯线就可以传输，而以太网必须使用 8 芯屏蔽线，而且最少有 4 芯接通。

RS-232、RS-485 通信时要接一个转换器，如图 7-14 所示；同理 RS-232、RS-485 串口和 RJ45 以太网网口需要通信时也要接一个转换器，这样的转换器有许多种，比如 USB 转 RS-485 的，USB 转 RS-232 的，RS-485 转以太网的，RS-232 转 RS-485 的等。

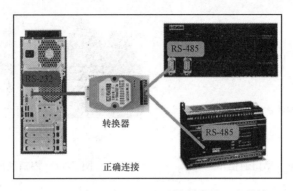

图 7-14　RS-232、RS-485 通信时要接一个转换器

（4）主站和从站的地址。

通信双方要有各自的名字，也可以叫地址，这个地址不能乱写，并且不能相同。

例如：一台 PLC 和一台变频器通信时，双方需要各自设定通信参数列表，如图 7-15 所示。下面进行具体说明，通信协议（MODBUS）：双方设置必须相同，不能一个说英语，另一个讲汉语。波特率（9 600 bit/s）：双方设置必须相同，不能一个说得快，另一个说得慢。通信端口（RS-485）：双方通信端口必须相同，不能一个用嘴说，另一个递眼神。奇偶校验（偶校验）：双方设置必须相同。数据位（8 位）：双方设置必须相同。停止位（2 位）：双方设置必须相同。主站地址（2）：双方设置不能相同，地址重复了，发出的信息就不知道发给谁。

图 7-15　PLC 与变频器通信

4. PLC 通信工作方式

（1）串口通信和并口通信。

1）串口通信。

串口通信是在一条信号线上将数据按位进行传输的通信模式，如图 7-16 所示。其通

信速度慢，线间干扰小，适用于计算机与计算机、计算机与外设之间的远距离通信。常用的串口接头有两种，一种是 9 针串口（简称 DB-9），一种是 25 针串口（简称 DB-25），DB-9 接口如图 7-17 所示。

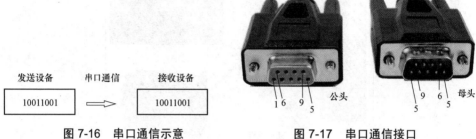

图 7-16　串口通信示意

图 7-17　串口通信接口

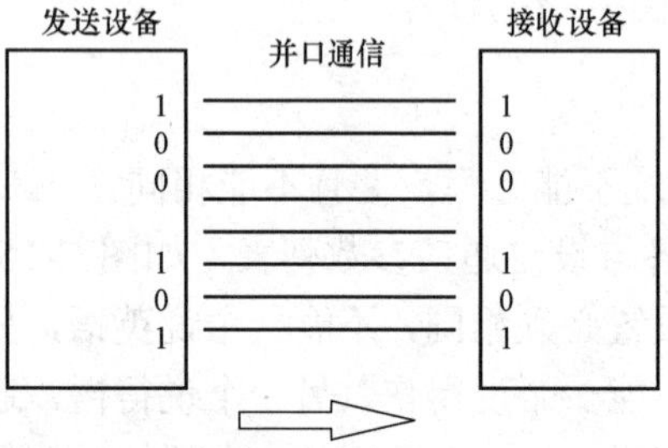

2）并口通信。

并口通信是在一条信号线上将数据按字节或字进行传输的通信模式，如图 7-18 所示。其通信速度快，易受到干扰，只适合近距离传输。并口与串口通信传送数据的区别如图 7-19 所示。

（2）单工与双工通信方式。

1）单工：同一时刻信息只能单方向传播，如广播、电视等，如图 7-20（a）所示。

图 7-18　并口通信示意图

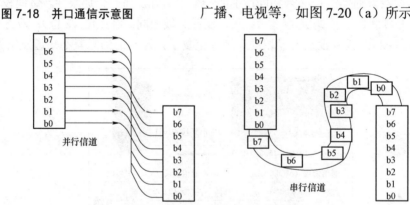

图 7-19　并口通信与串口通信传送数据区别

2）半双工：允许数据在两个方向上传输，但是，在某一时刻，只允许数据在一个方向上传输，如图 7-20（b）所示。它实际上是一种切换方向的单工通信。例如，在一条窄窄的马路上，同时只能有一辆车通过，当目前有两辆车相向行驶，这种情况下就只能一辆先过，等到头后另一辆再开，这个例子就形象地说明了半双工的原理。早期的对讲机、集线器等设备都是基于半双工的产品。随着技术的不断进步，半双工会逐渐退出历史舞台。

3）全双工：通信双方同一时刻接收和发送信息，双方向传播，如图 7-20（c）所示，手机、电话就属于全双工通信。

对于 PROFIBUS，数据传输的方式为半双工；对于 PROFINET，数据传输的方式为全双工。

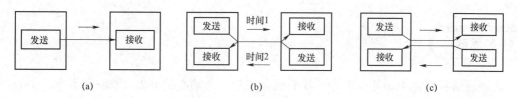

图 7-20　单工、半双工和全双工通信方式

（a）单工；（b）半双工；（c）全双工

问题讨论：如图 7-21 所示，有两座高山（高山 A 和高山 B），如果在两座山之间往来必须要通过缆车（缆车 C 和缆车 D），如果把缆车来回比喻成通信，那么：

图 7-21　两座高山缆车运动示意图

单工就相当于从_____。

半双工就是同一时间点_____。

全双工就是同一时间点_____。

（3）S7-1200 PLC 通信。

S7-1200 PLC 通信分为 S7-1200 PLC 之间通信和 S7-1200 PLC 与外部设备（如变频器、触摸屏、智能仪表等）通信，有两大类：基于 DP 串口通信和基于 PN 以太网通信，如图 7-22 所示。现在 S7-1200 PLC 主要是采用基于 PN 的以太网通信；当 S7-1200 PLC 与 S7-200/300/400 PLC 通信时，也可以用基于 DP 串口的 RS-485 通信，但要加通信模块。

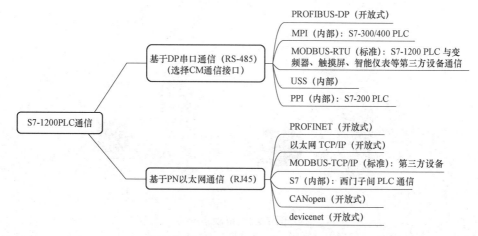

图 7-22　S7-1200 PLC 通信

任务思政

说到通信特别是中国通信产业，我们就会想起一个响亮的世界品牌——华为，华为公司在 5G 移动通信网络中的卓越表现，为中国制造树立了一个典范；华为公司成立于 1987 年，经过 30 多年的超高速发展，已成为中国企业创新发展标杆。华为员工的敬业精神家喻户晓，也正是由于华为人没日没夜的艰苦奋斗才塑造了"华为精神"，使华为成了全球实力很强的 5G 通信巨头，说明只要我们埋头苦干，努力奋斗，也会站在世界的顶峰。

任务 24 （S7-1200 PLC+HMI）控制电动机正反转启停

学习目标

- 了解触摸屏作用。
- 能对触摸屏进行画面组态。
- 会建立触摸屏与 S7-1200 PLC 通信，实现电动机可视化控制。

建议学时

4 课时

工作情景

如图 7-23（b）所示，触摸屏的主要功能就是取代传统的控制面板和显示仪表（图 7-23（a）），通过与控制单元 PLC 通信，实现人与控制设备的信息交换，方便地实现对整个系统的操作和监视。

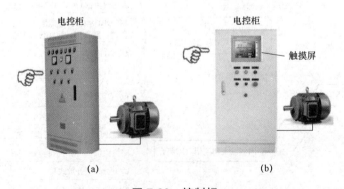

（a）　　　　　　　　　　　　　（b）

图 7-23　控制柜

（a）传统控制柜；（b）带有触摸屏的控制柜

知识导图

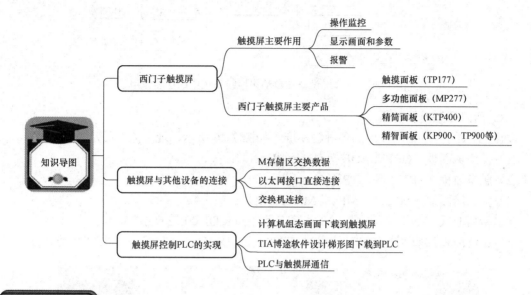

相关知识

1. 西门子触摸屏

（1）什么是触摸屏。

触摸屏可连接 PLC、变频器、直流调速器、仪表等工业控制设备，通过触摸输入单元（如触摸屏、键盘、鼠标等）写入工作参数或输入操作命令，利用显示屏显示，是实现人与机器信息交互的数字设备，如图 7-24 所示，触摸屏有时也叫人机界面（Human Machine Interface，HMI）。

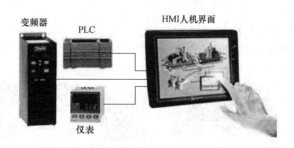

图 7-24 触摸屏

（2）触摸屏设备在自动化控制系统中的主要作用。

触摸屏设备在自动化控制系统中主要有显示参数、操作监控等 7 个方面的作用，如图 7-25 所示。

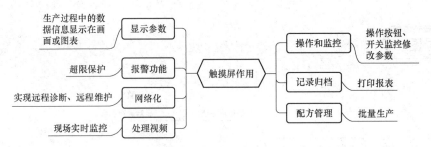

图 7-25　触摸屏设备在自动化控制系统中的主要作用

（3）西门子触摸屏产品。

西门子公司先后推出以下的各种触摸屏，如图 7-26 所示，现主流产品是精智面板。

1）操作员面板（OP177，OP 指 Opersn Panel）。

2）触摸面板（TP177 等，TP 指 Touch Panel）。

3）多功能面板（MP277，MP 指 MultiPanel）。

4）精简面板：有 4 寸、6 寸、10 寸等产品，如 KTP600 是 6 寸产品。

5）精智面板：如 KP900（有按钮）、TP900（无按钮）、TP1200 等，TP900 是 9 寸产品。

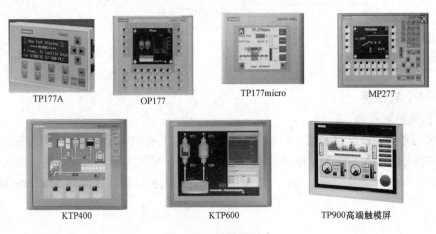

图 7-26　触摸屏种类

2. 触摸屏与其他设备的连接

两种连接方法：一种是用以太网接口直接连接，另一种是通过交换机连接，如图 7-27 所示。

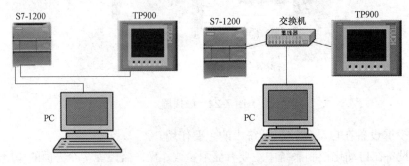

图 7-27　西门子触摸屏与其他设备的连接

TP900 接口如图 7-28 所示，TP900 与 PLC 和计算机连接如图 7-29 所示。

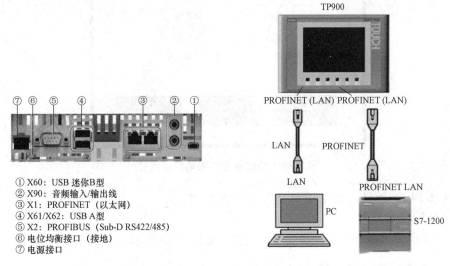

① X60：USB 迷你 B 型
② X90：音频输入/输出线
③ X1：PROFINET（以太网）
④ X61/X62：USB A 型
⑤ X2：PROFIBUS（Sub-D RS422/485）
⑥ 电位均衡接口（接地）
⑦ 电源接口

图 7-28 TP900 接口 　　　　图 7-29 TP900 与 PLC 和计算机连接

3. 触摸屏控制 PLC 的实现

触摸屏控制 PLC 的实现如图 7-30 所示。

（1）在计算机中使用 TIA 博途软件组态触摸屏画面，并下载到触摸屏中。

（2）在 TIA 博途软件上设计梯形图，并下载到 PLC 中。

（3）使 PLC 与触摸屏连接通信。

PLC 与触摸屏通信主要是通过 M 存储器来交换数据。

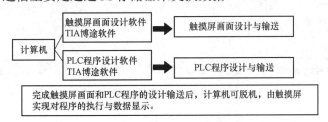

图 7-30 触摸屏控制 PLC 的实现

任务实施

PLC 触摸屏控制电动机正反转。

用 S7-1200 PLC 和 TP 900 触摸屏控制电动机正反转，如图 7-31 所示，设 I0.1 为现场 PLC 正转按钮、I0.2 为反转按钮、I0.0 为停止按钮，Q0.0、Q0.1 为 PLC 输出，接正反转接触器。如图 7-31 所示，M0.1 是触摸屏上的正转按钮变量，M0.2 是触摸屏上的反转按钮变量，M0.0 是停止按钮变量。请对它进行电气接线，并与 TP 900 触摸屏连接，同时进行画面组态、下载与调试。

要实现 PLC+触摸屏的电动机正反转控制，可按下面的步骤进行。

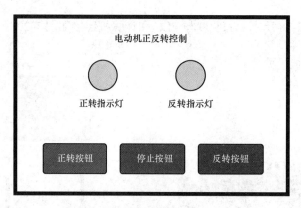

图 7-31　触摸屏控制电动机正反转

1. 建立 PLC+触摸屏的电动机正反转控制项目

2. 添加触摸屏

添加触摸屏，去掉"启动设备向导"的钩，如图 7-32 所示。

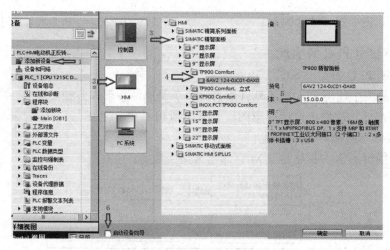

图 7-32　添加触摸屏

3. 建立 PLC 与触摸屏的网络连接

（1）在项目树中打开"设备和网络"，把 PLC 与触摸屏连接，如图 7-33 所示。

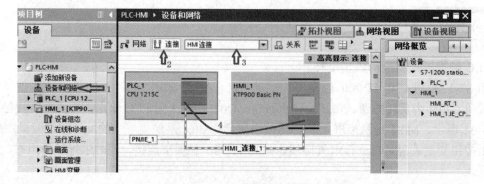

图 7-33　建立 PLC 与触摸屏之间的连接

（2）设置触摸屏以太网地址。注意触摸屏与 PLC 要在同一个网段，最后 1 位不要与 PLC 地址冲突。如 PLC 地址是 192.168.0.1，触摸屏地址是 192.168.0.2，如图 7-34 所示。

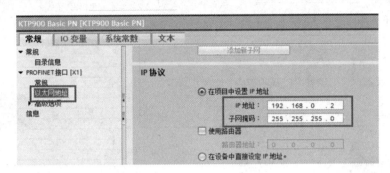

图 7-34 设置触摸屏以太网地址

4. 添加 PLC 变量及编写程序

（1）添加 PLC 变量表，PLC 与触摸屏交换的变量一般用 M 区存储器位，如图 7-35 所示。

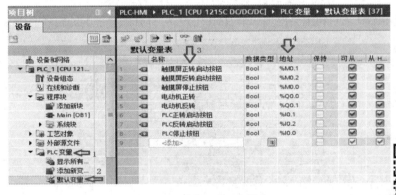

图 7-35 添加 PLC 变量表

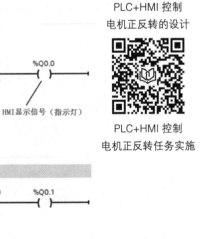

PLC+HMI 控制
电机正反转的设计

PLC+HMI 控制
电机正反转任务实施

（2）编写 PLC 控制电动机正反转程序，如图 7-36 所示。

图 7-36 程序

247

（3）PLC 与触摸屏硬件接线，如图 7-37 所示。

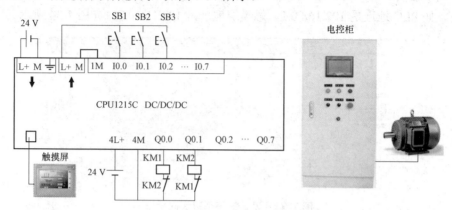

图 7-37　PLC 与触摸屏硬件接线

（4）触摸屏画面。

5. 组态触摸屏电动机正反转控制的画面

添加触摸屏后在项目树上会出现一个 HMI_1 设备，打开触摸屏的编辑画面，如图 7-38 所示。

图 7-38　打开触摸屏的编辑画面

（1）修改触摸屏编辑背景画面，如图 7-39 所示。

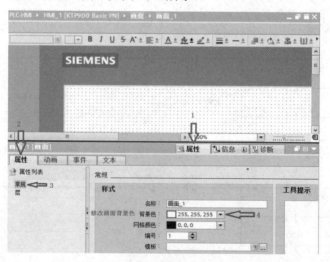

触摸屏 HMI
基本知识

图 7-39　修改背景画面

（2）打开右边工具箱，可以在对应的工具箱中选择不同的对象，如图 7-40 所示。

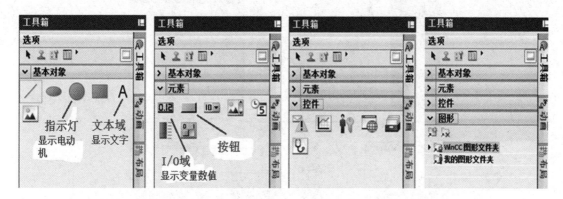

图 7-40　打开工具箱

（3）指示灯的生成和组态。

1）把"圆"拖到画面中并选中，在"属性"/"属性"/"外观"下，可以修改指示灯"圆"的背景色及边框宽度，如图 7-41 所示。

2）组态正转指示灯"圆"外观，在"属性"/"动画"/"显示"下，双击"添加新动画"，选择"外观"，如图 7-42 所示。

3）在"属性"/"动画"/"外观"/"变量名称"的下拉子菜单中选择项目树中的 PLC 变量表并打开，选中"电动机正转"变量，修改变量为"0"和"1"对应的背景色。这样就把正转指示灯与电动机正转变量关联上，如图 7-43 所示。

反转指示灯"圆"，可以使用复制和粘贴的方法，然后再修改对应的参数即可，注意反转指示灯与电动机反转变量关联。

（4）文本域的生成和组态。

1）把文本域"A"拖入画面中并选中，在"属性"/"属性"/"常规"的文本框中输入文字，如图 7-44 所示。

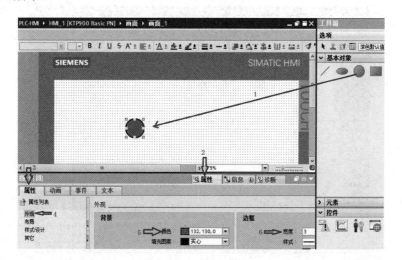

图 7-41　组态指示灯

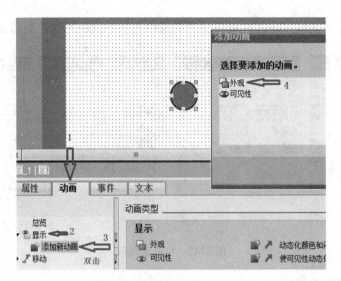

图 7-42　正转指示灯"圆"外观

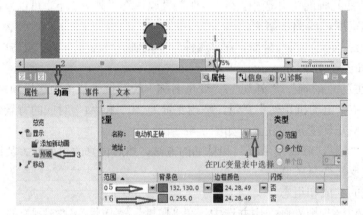

图 7-43　正转指示灯与电动机正转变量关联

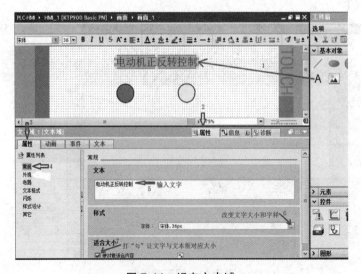

图 7-44　组态文本域

2）在"属性"/"属性"/"外观"下，可以修改文字域的背景色及边框宽度，如图 7-45 所示。

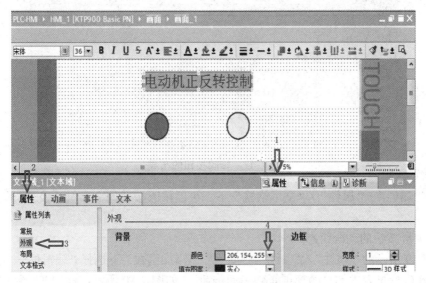

图 7-45　修改文本域背景色

第 2 个文字域"正转电动机"和第 3 个文字域"反转电动机"使用复制和粘贴的方法生成，然后再修改对应的参数即可。

（5）触摸屏按钮的生成和组态。

把"按钮"拖入画面进行设置，如图 7-46 所示。

1）在"属性"/"属性"/"常规"下，可以输入"启动按钮"的文字。

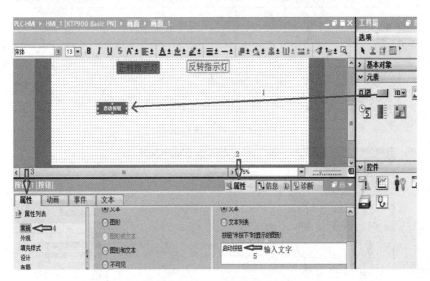

图 7-46　触摸屏按钮的生成

2）在"属性"/"属性"/"布局"下，可修改按钮的位置和大小及文本边框宽度等，如图 7-47 所示。

图 7-47　修改按钮的布局

3）在"属性"/"属性"/"文本格式"下，可以修改按钮的文字大小及式样，如图 7-48 所示。

4）触摸屏按钮的动画组态。

在图 7-49 所示的"属性"/"事件"/"按下"/"添加函数"下选择"编辑位"/"置位位"，下拉选择 PLC 变量表中的"触摸屏正转启动按钮"，如图 7-50 所示。同理在"释放"/"添加函数"下选择"编辑位"/"复位位"，下拉选择 PLC 变量表中的"触摸屏正转启动按钮"，如图 7-51 所示。这样就把正转按钮的"按下"和"释放"这两个动作组态好了。

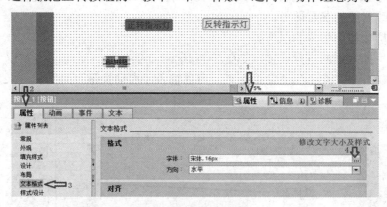

图 7-48　修改按钮文本

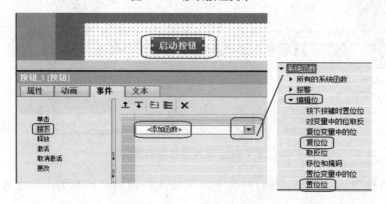

图 7-49　"按下"状态下设置正转按钮的"置位位"

图 7-50 "按下"状态下设置正转启动按钮"置位位"连接变量"触摸屏正转启动按钮"

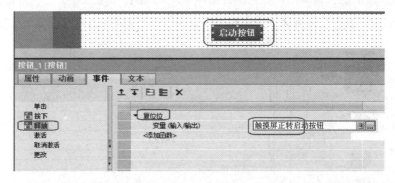

图 7-51 "释放"状态下设置正转启动按钮"复位位"连接变量"触摸屏正转启动按钮"

其他按钮可以用复制和粘贴的方法生成再修改参数。

6. 下载程序和调试

一台触摸屏可以同时与多台 PLC 通信,用 PLC 的名称来区别是哪一台 PLC 的变量。把触摸屏变量表中,"访问模式"修改为"绝对访问"。

把 PLC 的项目下载到实际的 PLC,触摸屏的项目下载到实际的触摸屏。

把 PLC 与触摸屏用网线连接好就可以建立通信了。

任务思政

在工业现场可操作触摸屏控制设备,而且在商场、银行、高铁、机场等场合都会看到触摸屏,新中国 70 多年的发展,科技的发展让我们身边的屏幕越来越多,无"触"不在的时代使我们的生活更加美好。

任务 25 (S7-1200 PLC+HMI)控制电动机星三角降压启动

学习目标

- 进一步熟悉 HMI 画面组态。
- 能正确设定计数、定时器 I/O 域参数。
- 会进行 PLC 与 HMI 的集成仿真。

4 课时

工作情景

某一车间电动机星三角降压启动控制线路如图 7-52 所示，现需要对电动机星三角降压启动用触摸屏进行改造，要能在触摸屏上设定和显示定时时间。触摸屏组态画面要求如图 7-53 所示。

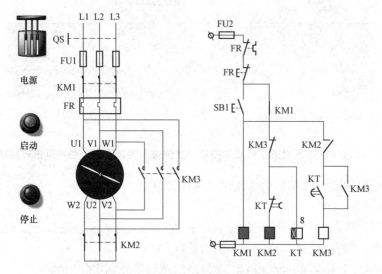

图 7-52　电动机星三角降压启动控制线路

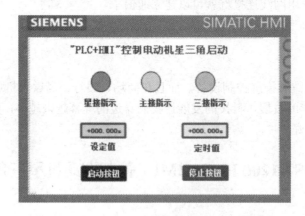

图 7-53　电动机星三角降压启动控制触摸屏画面

任务实施

用 S7-1200 PLC 和 TP900 触摸屏控制电动机星三角降压启动，设 I0.0 为现场 PLC 启动按钮，I0.1 为停止按钮，Q0.0 连电源接触器，Q0.1 连星形接触器，Q0.2 连三角形接触器。M0.0 是触摸屏上的启动按钮，M0.1 是触摸屏上的停止按钮，MD10 存储定时器的"定时值 PT"，MD14 存储定时器的"当前值 ET"。

建立 PLC+触摸屏的电动机星三角降压启动控制项目、添加硬件设备 PLC 和触摸屏、建立 PLC 与 HMI 的网络连接，这些内容在任务 24 中已有介绍，本任务主要介绍与上次学习过的内容不同的知识点。

1. 添加 PLC 变量表

添加 PLC 变量表，如图 7-54 所示。

		名称	变量表	数据类型	地址	保持	可从 ...	从 H...	在 H...	注释
1		PLC启动	默认变量表	Bool	%I0.0		☑	☑	☑	
2		PLC停止	默认变量表	Bool	%I0.1		☑	☑	☑	
3		主接	默认变量表	Bool	%Q0.0		☑	☑	☑	
4		星接	默认变量表	Bool	%Q0.1		☑	☑	☑	
5		三接	默认变量表	Bool	%Q0.2		☑	☑	☑	
6		设定定时值	默认变量表	Time	%MD10		☑	☑	☑	
7		定时当前值	默认变量表	Time	%MD14		☑	☑	☑	
8		触摸屏启动	默认变量表	Bool	%M0.0		☑	☑	☑	
9		触摸屏停止	默认变量表	Bool	%M0.1		☑	☑	☑	
10		<添加>					☑	☑	☑	

图 7-54　添加 PLC 变量表

2. 设计梯形图

设计梯形图，如图 7-55 所示。I0.0、I0.1 分别是 PLC 外部端子的启动按钮、停止按钮，M0.0、M0.1 分别是控制触摸屏启动、停止的变量，MD10 存储定时器的"预计值 PT"，MD14 存储定时器的"当前值 ET"。

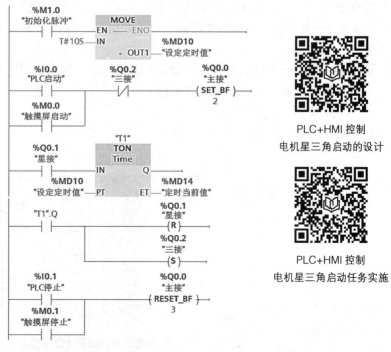

PLC+HMI 控制
电机星三角启动的设计

PLC+HMI 控制
电机星三角启动任务实施

图 7-55　梯形图

255

3. PLC 与触摸屏硬件接线

PLC 与触摸屏硬件接线，如图 7-56 所示。

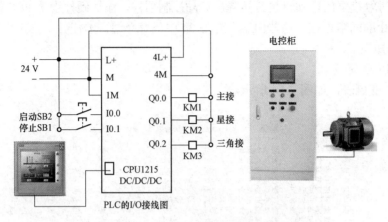

图 7-56　PLC 与触摸屏硬件接线

4. 组态触摸屏电动机星三角降压启动控制的画面

添加触摸屏后在项目树上会出现一个 HMI_1 设备，打开触摸屏的编辑画面，组态好星三角降压启动画面，如图 7-53 所示。

3 个指示灯和 2 个按钮的组态在上一个任务已学习，下面主要介绍对定时器的预计值和当前值进行组态。

I/O 域类型有 3 种：输出域、输入域、输入/输出域。

输出域——用于显示 PLC 中变量的数值，如显示计时当前值。

输入域——用于操作员键入数字或字母，并用指定的 PLC 的变量保存它们的值，如定时预计值。

输入/输出域——同时具有输出域和输入域的功能，操作员用它来修改 PLC 中变量的数值，并将修改后 PLC 中变量的数值显示出来。

（1）时间显示当前值 I/O 域的生成和组态。

1）添加时间显示当前值的 I/O 域变量，如图 7-57 所示。

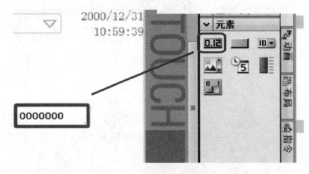

图 7-57　添加时间显示当前值的 I/O 域变量

2）如图 7-58 所示，选中当前值的 I/O 域变量，在"属性"/"常规"的"过程"中设定变量为"定时当前值"，地址为"MD14"；"类型"中模式选择"输出"；"格式"中显示格式为"十进制"，移动小数点为"3 位"，格式样式为"s9999999"，注意要写全 7 个 9。

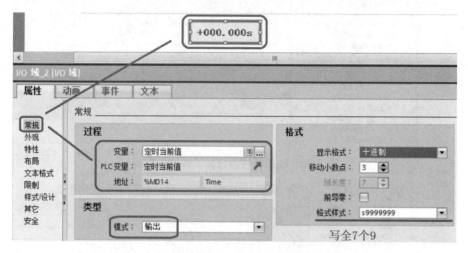

图 7-58　组态时间显示当前值的 I/O 域变量参数

（2）时间设定值 I/O 域的生成和组态。

1）添加时间设定值的 I/O 域变量，如图 7-59 所示。

2）如图 7-59 所示，选中时间设定值的 I/O 域变量，在"属性"/"常规"的"过程"中设定变量为"设定定时值"，地址为"MD10"；"类型"中模式选择"输入/输出"；"格式"中显示格式为"十进制"，移动小数点为"3 位"，格式样式为"s9999999"，注意要写全 7 个 9。

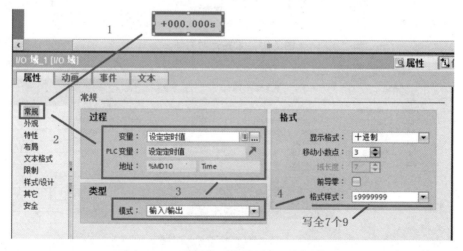

图 7-59　组态时间设定值的 I/O 域变量参数

5. 集成仿真——模仿"PLC 与 HMI 通信数据交换"

（1）把 PLC 程序下载到仿真器中。

（2）把触摸屏组态画面下载到仿真器中，如图 7-60 所示；在仿真器中可设定定时值，如 15 s，如图 7-61 所示；仿真运行后画面如图 7-62 所示。

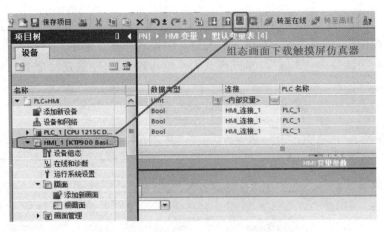

图 7-60　触摸屏组态画面下载到仿真器

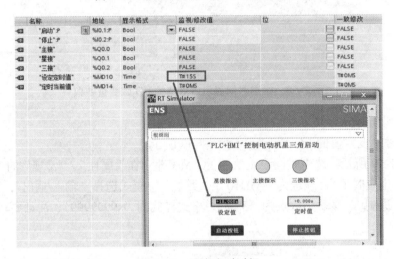

图 7-61　设定定时时间

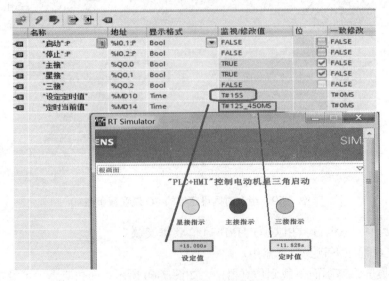

图 7-62　仿真运行状态

任务 26 两台 S7-1200 PLC 的 TCP 主从通信

学习目标

- 能定义 TSEND_C 和 TRCV_C 通信指令通信块连接参数。
- 会配置 TRCV_C 通信指令和 TSEND_C 通信指令接口参数。
- 能正确配置 TSEND_C、TRCV_C 通信指令并能模拟仿真。

建议学时

4 课时

工作情景

如图 7-63 所示，PLC1 和 PLC2 要相互通信交换数据。如主机（PLC1）按 I0.1，主机彩灯（Q0.1）亮，延时 5 s 后，从机（PLC2）彩灯（Q0.2）亮；从机按 I0.2，从机彩灯（Q0.2）灭，再经 6 s 后主机彩灯（Q0.1）灭。

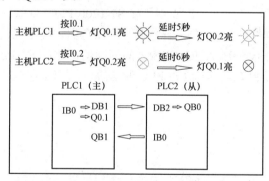

图 7-63 PLC1 和 PLC2 通信交换数据

知识导图

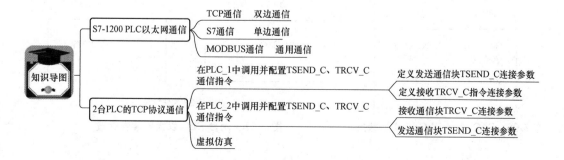

相关知识

S7-1200 PLC 本体上集成了一个 PROFINET 通信接口，支持 TCP 通信、S7 协议通信和 MODBUS 协议通信，如图 7-64 所示；这个 PROFINET 物理接口是支持 100 Mbit/s 的 RJ45 接口，使用这个通信接口可以实现 S7-1200 PLC 与编程设备计算机的通信，与触摸屏的通信，以及与其他 PLC 之间的通信。

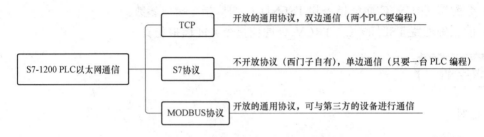

图 7-64　S7-1200 PLC 以太网通信

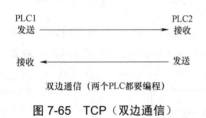

图 7-65　TCP（双边通信）

S7-1200 PLC 之间的以太网通信可以通过 TCP 或 ISOonTCP 来实现，使用的通信指令是在双方 CPU 调用 "TSEND_C" "TRCV_C" 指令来实现。通信方式为双边通信，如图 7-65 所示；因此，TSEND 和 TRCV 必须成对出现。因为 S7-1200 PLC 目前只支持 S7 通信的服务器（Sever）端，所以它们之间不能使用 S7 这种通信方式。

S7 通信主要用于西门子 SIMATIC CPU 之间的通信，比如 S7-1500 PLC 与 S7-1200 PLC 之间的通信，S7-300/400 PLC 与 S7-1200 PLC 通信等，因为该通信标准未公开，不能实现与第三方的设备进行通信。

任务实施

使用以太网 TCP，把 PLC_1 的 MB10 内容传送到另外一台 PLC_2 的 MB20，再把 PLC_2 的 MB40 内容传送到 PLC_1 的 MB30，如图 7-66 所示。

1. 硬件配置

如图 7-67 所示，两台 PLC 都用 CPU1215C，地址不要相同，用网线连接。

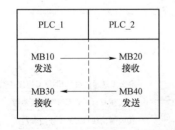

图 7-66　PLC_1 与 PLC_2 交换数据

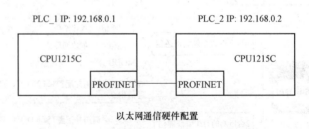

图 7-67　两台 PLC 以太网硬件配置

2. 硬件组态

（1）打开 TIA Portal V15 软件并新建项目，在 V15 的"Portal 视图"中选择"启动"并创建一个新项目，如图 7-68 所示。

两台 S7-1200 以太网通信（任务实施）

图 7-68　新建项目

（2）添加硬件并命名为 PLC_1，设置 PLC_1 的以太网地址为 192.168.0.1，如图 7-69、图 7-70 所示。

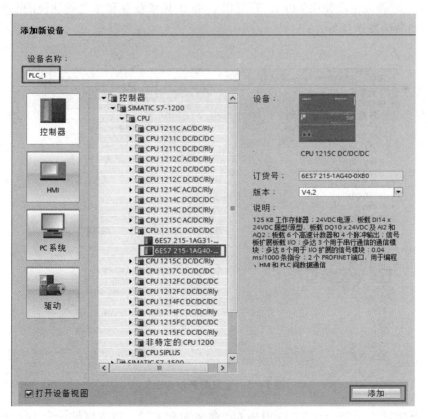

图 7-69　添加硬件 PLC_1

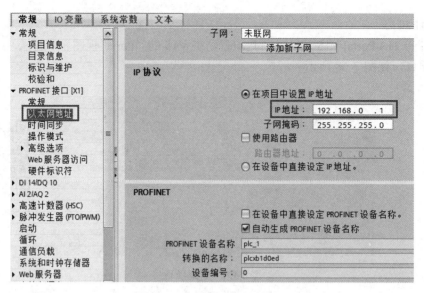

图 7-70　设置 PLC 以太网地址

（3）为了编程方便，定义 PLC_1 中 CPU 属性的系统位（MB1）和时钟位（MB0），如图 7-71 所示；时钟位主要使用 M0.3，它是以 2 Hz 的频率在 0 和 1 之间切换的一个位。可以使用它去自动激活发送任务。

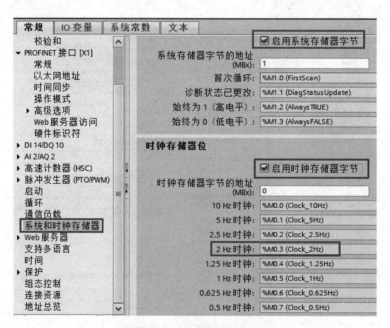

图 7-71　定义时钟位 M0.3

（4）同样方法再添加一台 S7-1200 PLC，命名为 PLC_2，以太网地址为 192.168.0.2。

（5）创建 PLC 之间的逻辑网络连接。

在项目树中双击"设备和网络"打开连接视图，创建两个设备的连接。用鼠标选中 PLC_1

（主站）上的 PROFINET 通信接口的绿色小方框，然后拖拽出一条线，到 PLC_2（从站）上的 PROFINET 通信接口上，松开鼠标，连接就建立起来了，如图 7-72 所示。

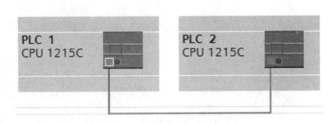

图 7-72　两台 PLC 的网络连接

两台 S7-1200 以太网
通信（通信指令）

3. 两台 PLC 的 TCP 通信

（1）在 PLC_1 中调用并配置 TSEND_C、TRCV_C 通信指令。

1）在 PLC_1 的 OB1 中调用 TSEND_C 通信指令，TRCV_C 通信指令。

在 OB1 程序中右边的"通信" /"开放式用户通信"中，将 TSEND_C 拖放到工作区，生成背景 DB1 块，将 TRCV_C 拖放到工作区，生成背景 DB3 块，如图 7-73 所示。

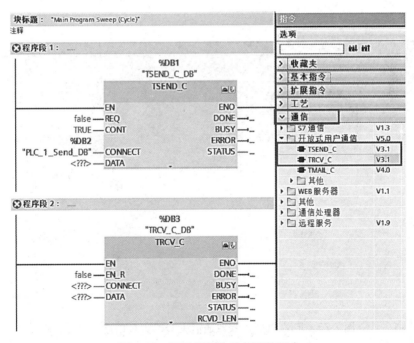

图 7-73　调用发送和接收通信指令

2）定义 PLC_1 发送通信块 TSEND_C 的连接参数。

选中 TSEND_C 指令，右击选择"属性"，选择"组态"，并设置各项参数，如图 7-74 所示。

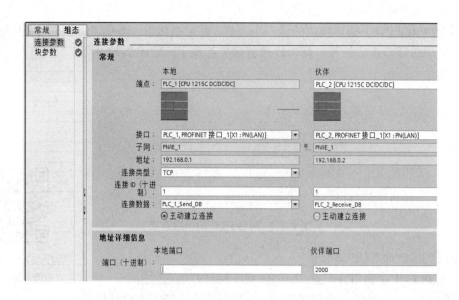

图 7-74　定义 PLC_1 发送通信块 TSEND_C 的连接参数

3）定义 PLC_1 接收通信块 TRCV_C 的连接参数。

选中 TRCV_C 指令，右击选择"属性"，选择"组态"，并设置各项连接参数，如图 7-75 所示。

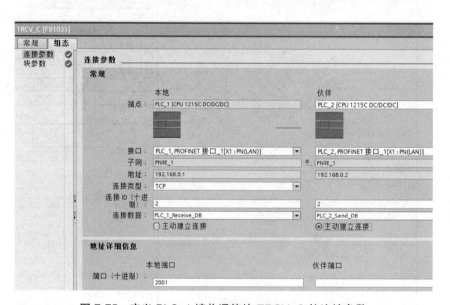

图 7-75　定义 PLC_1 接收通信块 TRCV_C 的连接参数

4）定义 PLC_1 的发送通信块 TSEND_C 的接口参数，如图 7-76 所示。

REQ：2 Hz 的时钟脉冲，上升沿激活发送任务。

CONT：为 1，建立连接并保持。

C0NNECT：连接数据是 DB2。

DATA：发送数据区的数据，如 MB10 或 DB。

DONE：执行没错误，该位置 1。

BUSY：该位为 1，任务未完成，不能激活新任务。

ERROR：通信有错，该位置 1。

STATUS：通信有错，显示错位号。

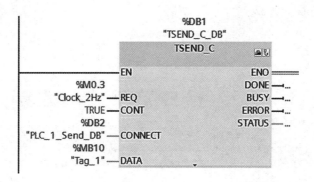

图 7-76　定义 PLC_1 的发送通信块 TSEND_C 接口参数

5）定义 PLC_1 的接收通信块 TRCV_C 的接口参数，如图 7-77 所示。

EN_R：为 1 时准备好接收数据。

CONT：建立连接并一直保持连接，一般为 1。

CONNECT：连接数据 DB。

DATA：接收数据区，如 MB30 或 DB。

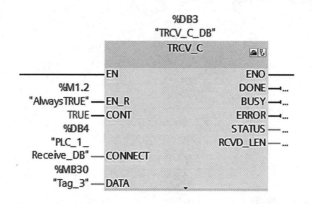

图 7-77　定义 PLC_1 的接收通信块 TRCV_C 接口参数

（2）在 PLC_2 中调用并配置 TSEND_C、TRCV_C 通信指令。

在 PLC_2 的 OB1 中编程，选择 TSEND_C，TRCV_C 指令，组态、编程和 PLC_1 相似。

1）定义 PLC_2 接收通信块 TRCV_C 连接参数指令，如图 7-78 所示。

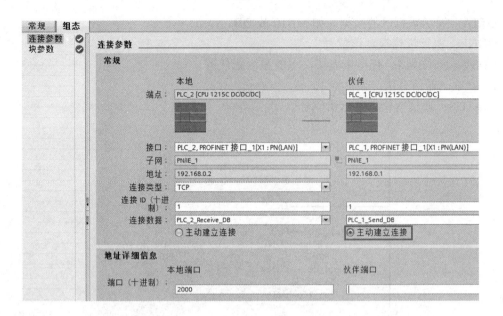

图 7-78　定义 PLC_2 接收通信块 TRCV_C 连接参数指令

2）定义 PLC_2 发送通信块 TSEND_C 连接参数，如图 7-79 所示。

3）定义 PLC_2 接收通信块 TRCV_C 的接口参数，如图 7-80 所示。

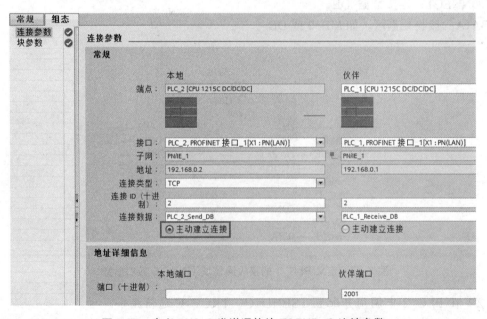

图 7-79　定义 PLC_2 发送通信块 TSEND_C 连接参数

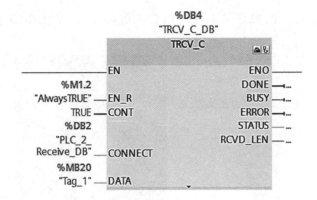

图 7-80 定义 PLC_2 接收通信块 TRCV_C 的接口参数

4）定义 PLC_2 发送通信块 TSEND_C 的接口参数，如图 7-81 所示。

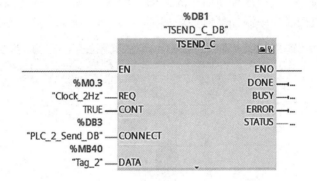

图 7-81 定义 PLC_2 发送通信块 TSEND_C 的接口参数

（3）模拟仿真。

1）启动仿真 PLC_1，把 PLC_1 下载到 PLC_1 仿真器中，如图 7-82 所示。

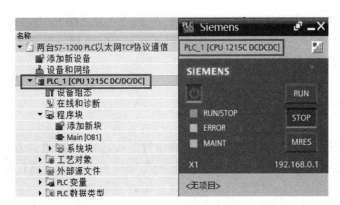

图 7-82 下载 PLC_1 程序

2）启动仿真 PLC_2，把 PLC_2 下载到 PLC_2 仿真器中，如图 7-83 所示。

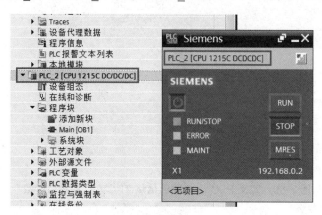

图 7-83　下载 PLC_2 程序

在 PLC_1 的"监控表"中添加新监控表如图 7-84（a）所示，并在线监控。

在 PLC_2 的"监控表"中添加新监控表如图 7-84（b）所示，并在线监控。

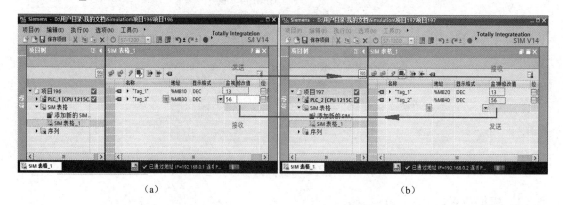

（a）　　　　　　　　　　　　　　　　　（b）

图 7-84　PLC_1 和 PLC_2 监控表

（a）PLC_1 监控表；（b）PLC_2 监控表

如在 PLC_1 中的 MB10 修改数据为 13，则在 PLC_2 的 MB20 中接收到的数据也是 13。如在 PLC_2 中的 MB40 修改数据为 56，则在 PLC_1 的 MB30 中接收到的数据也是 56，可以看到 PLC_1 与 PLC_2 交互数据完成正确。

任务思政

烽火传军情、驿站送信、飞鸽传书、击鼓通信等是我国古代的通信方式。墨子是崇尚科学的中国古代思想家，他是世界上第一位开展光学实验的科学家，通过小孔成像实验发现了光沿直线传播；随着时代和信息技术的发展，即时通信普及，改变了人们的沟通方式和交友方式。2017 年 8 月，中国的"墨子号"量子卫星成功实现"千公里级"星地双向量子通信，其通信技术处于世界领先地位，说明只要我们努力，也能创造出领先世界的"中国奇迹"。

任务 27   认识 S7-1500 PLC

学习目标

- 辨认 S7-1200 PLC 和 S7-1500 PLC 的特点，厘清 S7-1500 PLC 的种类。
- 能组态标准型和紧凑型 PLC。
- 能安装标准型 S7-1500 PLC。
- 会用显示面板查找 S7-1500 PLC 参数。
- 能看懂 S7-1500 PLC 接线图。

建议学时

4 课时

工作情景

S7-1500 PLC 是西门子新一代大中型 PLC，其外形如图 7-85 所示，相比 S7-300/400 PLC，其各项指标都有很大的提高，专为中高端设备和工厂自动化设计，标配 PROFINET 以太网接口，其创新的设计使调试和安全操作简单便捷，集成于 TIA 博途的诊断功能通过简单配置即可实现对设备运行状态的诊断，简化工程组态，并降低项目成本。

某企业新购进了一批 S7-1500 PLC，现要求你为员工培训安装一个 S7-1500 PLC 系统。

图 7-85   S7-1500 PLC 外形图

知识导图

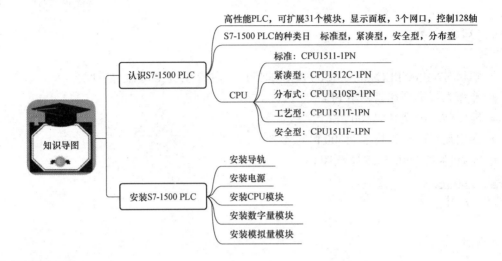

相关知识

1. 认识 S7-1500 PLC

（1）S7-1500 PLC 简介。

1）S7-1500 PLC 特点。

S7-1500 PLC 特点如图 7-86 所示。

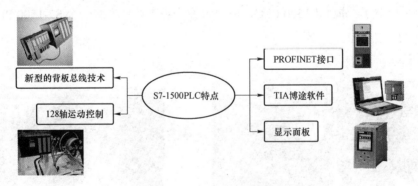

图 7-86　S7-1500 PLC 特点

　　① S7-1500 PLC 采用新型的背板总线技术，在系统性能方面有较大的提升，其 CPU 对于位指令的处理时间缩短到了 1 ns 以下。S7-1500 PLC 的基本数据类型的长度最大到 64 位，中央机架最大支持 32（CPU＋31）个模块。

　　② S7-1500 PLC 的 CPU 可配置即插即用型显示面板，可以诊断故障信息，帮助我们快速查找故障；通过显示面板可以设置 CPU 的 IP 地址，可以设置多国语言切换，支持中文显示。

　　③ S7-1500 PLC 所有 CPU 均集成有 1～3 个 PROFINET 接口，可实现低成本快速组态现

场级通信和公司网络通信。

④ S7-1500 PLC 使用 TIA 博途软件进行编程，提升了编程效率。

⑤ S7-1500 PLC 集成了高达 128 轴运动控制。

2）S7-1500 PLC 的种类。

S7-1500 PLC 的种类有紧凑型、标准型、分布型、安全型等，如图 7-87 所示。

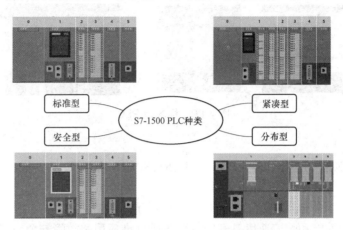

图 7-87　S7-1500 PLC 的种类

① 紧凑型。

★ CPU 集成了 I/O 模块（DI/DO，AI/AO），两个不同 CPU 的 PLC 输入/输出点、高速计数器数量、可扩展 I/O 模块数量如表 7-1 所示。

★ S7-1500 PLC 紧凑型 CPU 模块包括 CPU1511C-1PN 和 CPU1512C-1PN，"C" 是英文 "Compact" 的缩写，表示 "紧凑型"，CPU 和 I/O 模块构成一个整体，如图 7-88 所示。

表 7-1　CPU1511C 和 CPU1512C 部分参数

CPU	DI	DO	AI	AO	高速计数器数量	扩展 I/O 模块数量
CPU1511C-1PN	16	16	4	2	6	1 024
CPU1512C-1PN	32	32	5	2	6	2 048

图 7-88　紧凑型 S7-1500 PLC

② 标准型。

标准型 PLC 的 CPU 模块只有一个 CPU，没有集成的 I/O 模块，如图 7-89 所示，有 CPU1511-1PN、CPU1513-1PN、CPU1515-2PN、CPU1516-3PN/DP、CPU1517-3PN/DP、CPU1518-4PN/DP 等。

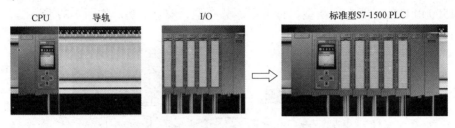

图 7-89　标准型 PLC

③ 分布型。

分布型 PLC 包括 CPU1510SP-1PN、CPU1512SP-1PN 等，如图 7-90 所示。

④ 安全型

CPU 后有"F"的表示是安全型，如图 7-91 所示。CPU1510SP F-1 PN：适用于在分布式控制系统中对处理性能和响应速度具有中等要求的标准应用和故障安全应用。

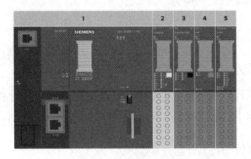

图 7-90　分布型 PLC

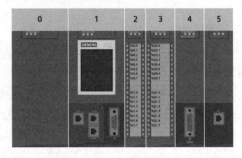

图 7-91　安全型 PLC

S7-1500 的种类参数表如图 7-92 所示。

Advanced Controller							
CPU 1511(F)	CPU 1511C	CPU 1512C	CPU 1513(F)	CPU 1515(F)	CPU 1516(F)	CPU 1517(F)	CPU 1518(F)
CPU种类 1511-1F PN	1511C-1 PN	1512C-1 PN	1513-1F PN	1515F-2 PN	1516F-3 PN/DP	1517F-3 PN/DP	1518F-4 PN/DP
网络接口							
工作存储器 150/225 KB **数据存储器** 1 MB	175 KB 1 MB	250 KB 1 MB	300/450 KB 1,5 MB	500/750 KB 3 MB	1/1,5 MB 5 MB	2/3 MB 8 MB	4/6 MB 10/20MB
位运算时间 60 ns	60 ns	48 ns	40 ns	30 ns	10 ns	2 ns	1 ns
模块宽度 35 mm	85 mm	110 mm	35 mm	70 mm	70 mm	175 mm	175 mm
集成运动轴 up to 6	up to 6	up to 6	up to 6	up to 30	up to 30	up to 96	up to 128

图 7-92　S7-1500 的种类参数

3）显示面板。

S7-1500 系列 PLC 都自带一个显示面板，如图 7-93 所示。显示面板分为两种尺寸：1.36

寸和 2.4 寸。CPU1511 和 CPU1513 使用 1.36 寸显示面板，CPU1516、CPU1517 和 CPU1518 使用 2.4 寸的显示面板。

　　显示面板上部是一个显示屏，中间部分是上、下、左、右 4 个按键，下部是 ESC（退出）和 OK（确认）按键。在显示功能中先把语言设置为"中文"。

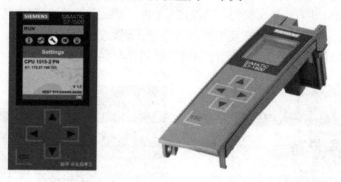

图 7-93　显示面板

显示面板具有的功能如图 7-94 所示。

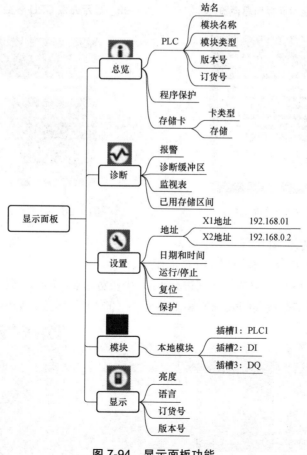

图 7-94　显示面板功能

① 可以显示站的信息概览，如 CPU 的运行状态（RUN/STOP）、站点的名称、模块的名称、模块的型号等，如图 7-95 所示。

② 可以对 CPU 参数进行设置，例如：设置 CPU 的日期和时间、设置 CPU 的 IP 地址、让 CPU 运行或停止等，如图 7-96 所示。

③ 可以对 CPU 进行诊断，例如：可以查看 CPU 诊断缓冲区的报警信息，如图 7-97 所示。

④ 可以对显示屏的显示内容及形式进行设置，例如设置显示的亮度、节能时间、显示语言等。显示屏可以使用两种语言，运行期间可以切换，如图 7-98 所示。

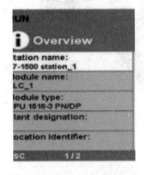

图 7-95　显示面板信息概览

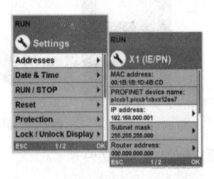

图 7-96　显示面板 CPU 参数设置

图 7-97　诊断 CPU

图 7-98　设置显示内容

（2）S7-1500 PLC 结构。

下面以标准型 PLC 介绍 S7-1500 PLC 的组成。

标准型 S7-1500 PLC 由电源模块（PM/PS），中央处理器模块（CPU）、导轨（RACK）、信号模块（SM）、通信模块（CP/CM）和工艺模块（TM）等组成，如图 7-99 所示。

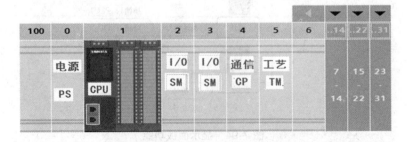

图 7-99　标准型 S7-1500 PLC 结构

1）电源模块（PM/PS）。

电源模块用于向 CPU 以及其扩展模块提供+24 V DC 电源。

PM：无背板总线（通过外部连接电源线向 CPU 供电），不占用槽位，无固件版本（类似 PS307），主要向负载供电，只能装在 CPU 的左边，如图 7-100 所示。

PS：有背板总线，占用槽位，有固件版本（类似 PS407），主要向系统内部部分模块电子器件和指示灯供电，可装在 CPU 的左边或右边，如图 7-101 所示。

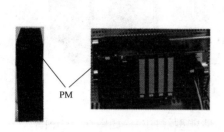

图 7-100　无背板总线（PM）

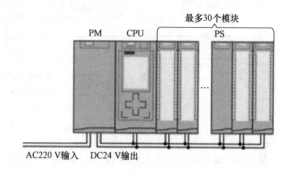

图 7-101　有背板总线（PS）

2）中央处理器模块（CPU）。

S7-1500 PLC 的 CPU 模块共有 20 多个不同的型号，主要包括以下几种

标准 CPU（如 CPU1511-1PN）。

紧凑型 CPU（如 CPU1512C-1PN）。

分布式模块 CPU（如 CPU1510SP-1PN）。

工艺型 CPU（如 CPU1511T-1PN）。

安全型 CPU 模块（如 CPU1511F-1PN）。

3）导轨（RACK）。

导轨是安装 S7-1500 PLC 各类模块的机架，是特制的异形板，标准长度为 160、245、…、2 000 等，S7-300/1200/1500 PLC 的导轨上无背板总线，如图 7-102 所示。

4）存储卡（SD）。

存储卡用于存储 PLC 程序，计算机直接读取，不支持热插拔、50 万次寿命，内存最大 32 GB，S7-300 PLC 不能直接读取，需用专用读卡器设备，如图 7-103 所示。S7-300 是绿色卡，S7-1500 是黑色卡。

图 7-102　导轨

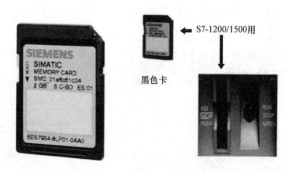

图 7-103　存储卡

5）信号模块（SM）。

信号模块是数字量 I/O 模块和模拟量 I/O 模块的总称。信号模块主要有 SM521（数字量输入）、SM522（数字量输出）、SM523（数字量混合模块）、SM531（模拟量输入）、SM532（模拟量输出）和 SM534（模拟量混合模块），如图 7-104 所示。

图 7-104　信号模块

信号模块类型有基本型（BA）、标准型（ST）、高性能型（HF），如图 7-105 所示。

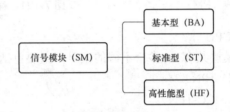

图 7-105　信号模块类型

6）工艺模块（TM）。

工艺模块主要用于对实时性和存储量要求高的控制任务，如图 7-106 所示。

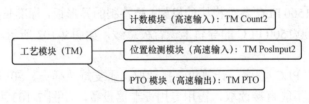

图 7-106　工艺模块

7）通信模块（CP/CM）。

通信模块用于 PLC 之间、PLC 与计算机和其他智能设备之间的通信，可将 PLC 接入以太网、PROFIBUS 和 AS-I 网络，或用于串行通信，它可以减轻 CPU 处理通信的负担，如图 7-107 所示。

图 7-107　通信模块

8）分布式设备模块。

ET-200分布式外围设备模块是西门子基于PROFIBUS或PROFINET的分布式控制模块。

（1）ET200SP：是一种多功能的按位模块化的分布式I/O系统，如图7-108所示，体积比较小，要安装在控制柜里。

（2）ET200MP：是一种多通道的分布式I/O系统，如图7-109所示，可以使用S7-1500 PLC的模块，主要安装在控制柜内，使用广泛。

图7-108 ET200SP 模块

图7-109 ET200MP 模块

（3）S7-1500 PLC 接线。

紧凑型CPU接线图如图7-110所示，其16个输入，16个输出。

1）购买S7-1500 PLC 模块注意事项：除了购买CPU模块和I/O模块外还需要购买前连接器、存储卡和异型导轨（不是35 mm 标准导轨）；35 mm 宽的模块一般要购买前连接器，25 mm 的模块通常自带前连接器；西门子产品订货需要2个月左右。

数字量I/O的接线

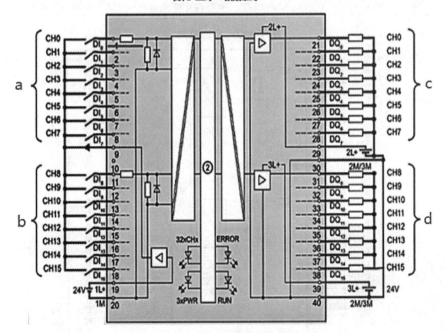

图7-110 紧凑型 CPU 接线图

2）某实验室 S7-1500 PLC 配置案例，如图 7-111 所示。

① 电源：70 W，AC220 V，6EP1332-4BA00。

② CPU：1511-1 PN，6ES7 511-1AK01-0AB0（1.8 版本）。

③ 16 个数字量输入 DI：521-1BH10-0AA0。

④ 16 个数字量输出 DO：522-1BH10-0AA0（晶体管输出，0.5 A，BA）。

⑤ 模拟量：4 输入/2 输出（AI4/AQ2），534-7QE00-0AB0。

图 7-111 某实验室 S7-1500 PLC 配置

TIA 博途软件中组态结果，如图 7-112 所示。

⑥ 数字量输入 521-1BH10-0AA0 接线图，如图 7-113 所示。

模块	机架	插槽	I 地址	Q 地址	类型	订货号	固件
PM 70W 120/230VAC	0	0			PM 70W 120/230VA	6EP1332-4BA00	
▼ PLC_1	0	1			CPU 1511-1 PN	6ES7 511-1AK01-0AB0	V1.8
▶ PROFINET 接口_1	0	1 X1			PROFINET 接口		
DI 16x24VDC BA_1	0	2	0…1		DI 16x24VDC BA	6ES7 521-1BH10-0AA0	V1.0
DQ 16x24VDC/0.5A BA_1	0	3		0…1	DQ 16x24VDC/0.5A BA	6ES7 522-1BH10-0AA0	V1.0
AI/AQ 4xUI/RTD/TC / 2xU/I S…	0	4	2…9	2…5	AI/AQ 4xUI/RTD/TC / 2xU/I ST	6ES7 534-7QE00-0AB0	V1.0

图 7-112 组态结果

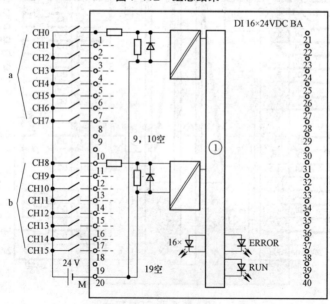

图 7-113 数字量输入 521-1BH10-0AA0 接线图

⑦ 数字量输出 522-1BH10-0AA0 接线图，如图 7-114 所示。

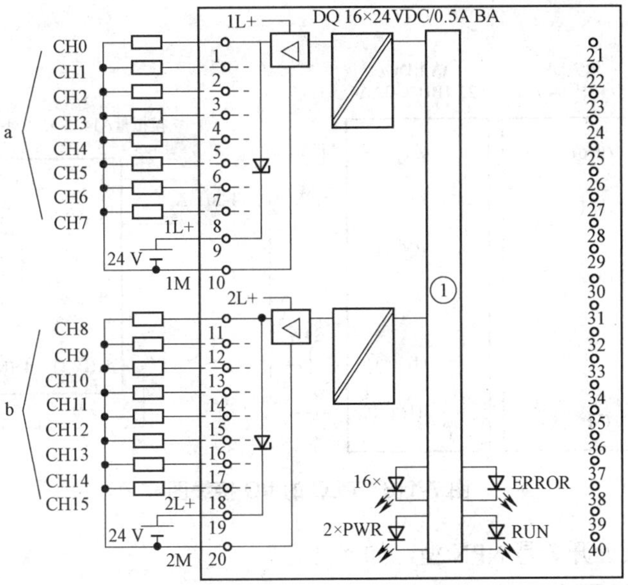

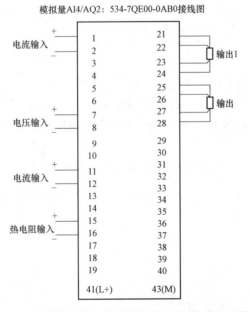

图 7-114　数字量输出 522-1BH10-0AA0 接线图

⑧ 模拟量 4 输入/2 输出（AI4/AQ2）：534-7QE00-0AB0 接线图，如图 7-115 所示。模拟量输出有两线输出和四线输出，四线输出比两线输出精度高。

模拟量AI4/AQ2：534-7QE00-0AB0接线图

图 7-115　模拟量 4 输入/2 输出 534-7QE00-0AB0 接线图

【案例】某控制要求要控制三相电动机启停，并用一个接近开关（PNP 型）进行限值，同时有一个模拟量电流输入，一个模拟量电压输出，如采用上面实验室 S7-1500 PLC 配置，请画出接线图。

PLC 的 I/O 接线图如图 7-116 所示。

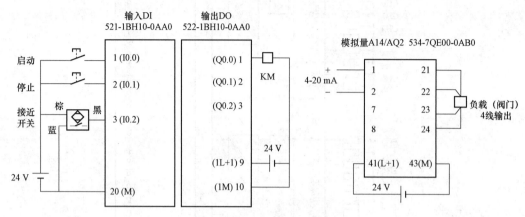

图 7-116　PLC 的 I/O 接线图

问题讨论：如接近开关是 NPN 型，如何处理？

2. 安装 S7-1500 PLC

扫码看视频。

任务 28　S7-1500 PLC 与 S7-1200 PLC 以太网 PROFINET I/O 通信

学习目标

- 识别 S7-1500 PLC 与 S7-1200 PLC 之间 3 种通信方式。
- 分清 I/O 控制器、I/O 设备、I/O 监视器作用。
- 能正确配置 S7-1500 PLC 与 S7-1200 PLC 数据交换区，组态 S7-1500 PLC 与 S7-1200 PLC。
- 会编写 S7-1500 PLC 与 S7-1200 PLC 通信程序实现控制要求。

建议学时

4 课时

工作情景

有两台 PLC，S7-1500 PLC（PLC1）作为 I/O 控制器，另一台 S7-1200 PLC（PLC2）作为 I/O 设备，当 PLC2 准备好后，PLC1 向 PLC2 发出启停信号，PLC2 以星三角启停一台电动机；PLC2 向 PLC1 反馈电动机的运行状态，网络连接如图 7-117 所示。

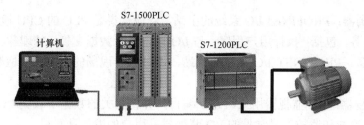

图 7-117 S7-1500 PLC 与 S7-1200 PLC 通信

知识导图

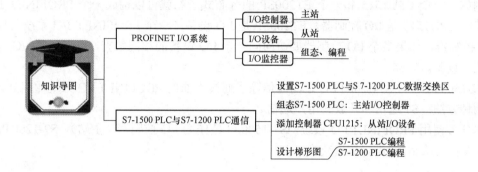

相关知识

西门子 S7-1500 PLC 与 S7-1200 PLC 的 3 种通讯方式：智能设备分布式通信、利用开放式用户通信、S7 通信。

PROFINET I/O 系统是一种分布式的控制系统，它采用生产者/消费者模型进行数据交换，包括 3 种角色：I/O 控制器（I/O Controller）、I/O 设备（I/O Device）和 I/O 监视器（I/O Supervisor），如图 7-118 所示。

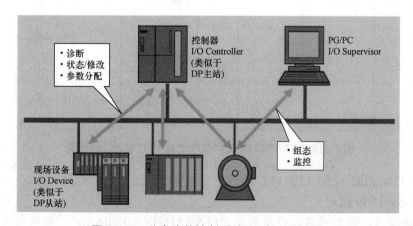

图 7-118 分布式的控制系统 PROFINET I/O

（1）I/O 控制器：PROFINET I/O 系统的主站，一般来说是 PLC 的 CPU 模块。I/O 控制器执行各种控制任务，包括：执行用户程序、与 I/O 设备进行数据交换、处理各种通信请求等。

（2）I/O 设备：PROFINET I/O 系统的从站，由分布于现场的、用于获取数据的 I/O 模块组成。

（3）I/O 监视器：I/O 监视器用来组态、编程，并将相关的数据下载到 I/O 控制器中，还可以对系统进行诊断和监控，最常见的 I/O 监视器是用户的编程计算机。

I/O 控制器既可以作为数据的生产者，向组态好的 I/O 设备输出数据；也可以作为数据的消费者，接收 I/O 设备提供的数据；I/O 设备也与此类似，它作为消费者，接收 I/O 控制器的输出数据，也作为生产者，向 I/O 控制器提供数据；一个 PROFINET I/O 系统至少由一个 I/O 控制器和一个 I/O 设备组成，通常 I/O 监视器作为临时角色进行调试或诊断。

例如：一个 CPU1515 和一个 ET200SP 的分布式子站就可以构成一个 PROFINET I/O 系统，其中 CPU1515 是 I/O 控制器，ET200SP 是 I/O 设备；一个 PROFINET I/O 系统可以有多个 I/O 控制器，如果多个 I/O 控制器要访问同一个 I/O 设备的相同数据，则必须将 I/O 设备组态成共享设备。

S7-1500 PLC 与 S7-1200 PLC 之间通信除了通过上面的 PROFINET I/O 系统通信外，还有另外两种方法：S7 通信和开放式用户通信。

本任务使用 PROFINET I/O 系统，S7-1500 PLC 作为 I/O 控制器（主站），S7-1200 PLC 作为 I/O 设备（从站），进行数据交换。

任务实施

1. 设计 I/O 接线图

S7-1500 PLC 和 S7-1200 PLC 的 I/O 接线图如图 7-119 所示。

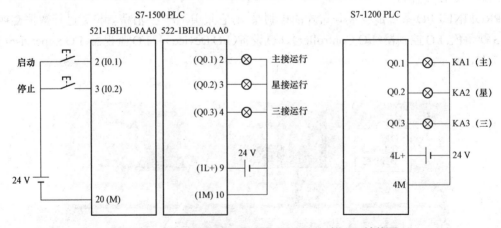

图 7-119　S7-1500 PLC 和 S7-1200 PLC 的 I/O 接线图

设置 S7-1500 PLC 与 S7-1200 PLC 的数据交换区，如图 7-120 所示。

2. 组态 S7-1500 PLC

（1）新建项目，添加设备，订货号为 "6ES7 511-1AK01-0AB0"，版本为 "V1.8"，如图 7-121 所示。

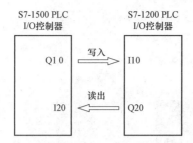

图 7-120　S7-1500 PLC 与 S7-1200 PLC 数据交换区

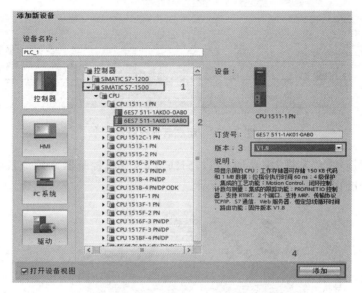

图 7-121　添加设备 S7-1500 PLC 的 CPU

（2）添加输入、输出模块，如图 7-122 所示，组态后的设备概览如图 7-123 所示。

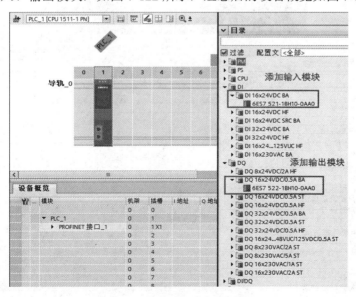

图 7-122　添加输入、输出模块

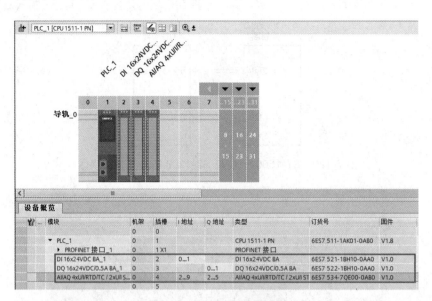

图 7-123　组态后设备概览

（3）在 PLC"属性"/"常规"中添加 CPU 1511C-1 PN（I/O 控制器），添加新子网 PN/IE_1，设置 IP 地址为 192.168.0.1，如图 7-124 所示。

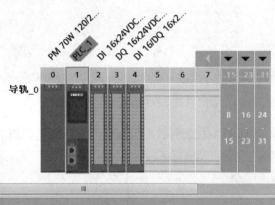

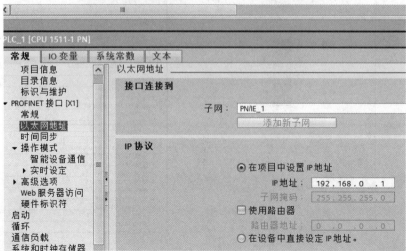

图 7-124　添加新子网 PN/IE_1，设置 IP 地址

（4）切换到"网络视图"，如图 7-125 所示，从右边"目录"中添加控制器 CPU1215C。

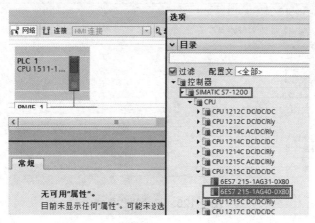

图 7-125　添加控制器 CPU1215C

（5）选中 CPU1215 切换到"网络视图"，如图 7-126 所示，双击 CPU1215C 网口，选中"以太网地址"，在"子网"中选择"PN/IE_1"，设置 IP 地址为 192.168.0.2，如图 7-127 所示。选中"操作模式"，勾选"I/O 设备"复选框，在"已分配的 I/O 控制器"中选择"PLC_1.PROFINET 接口_1"，如图 7-128 所示。

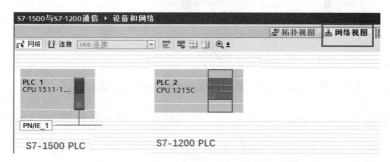

图 7-126　切换到"网络视图"

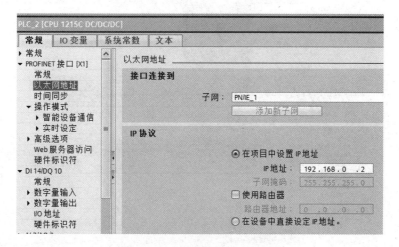

图 7-127　设置子网和 IP 地址

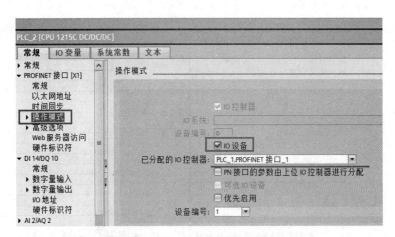

图 7-128　设置操作模式

（6）切换到"网络视图"，发现已建立好的"PLC_1.PROFINET I/O"连接，如图 7-129 所示。

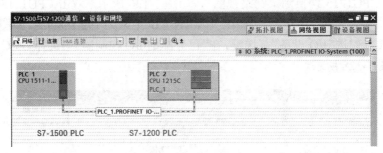

图 7-129　S7-1500 PLC 与 S7-1200 PLC 建立连接

（7）设置数据交换区，如图 7-130 所示，S7-1500 PLC 是 I/O 控制器，S7-1200 PLC 是 I/O 智能设备。

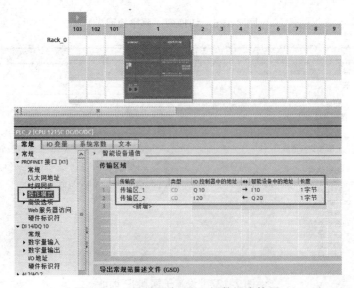

图 7-130　设置两台 PLC 的数据交换区

3. 设计程序

（1）设计 S7-1500 PLC 梯形图，如图 7-131 所示。

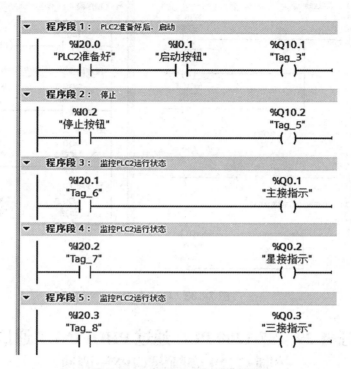

图 7-131　S7-1500 PLC 梯形图

（2）设计 S7-1200 PLC 梯形图。

1）OB100 初始化程序，如图 7-132 所示。

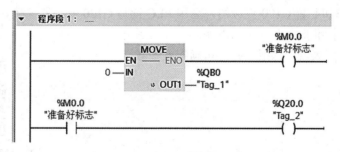

图 7-132　OB100 初始化程序

287

2）OB1 程序，如图 7-133 所示。

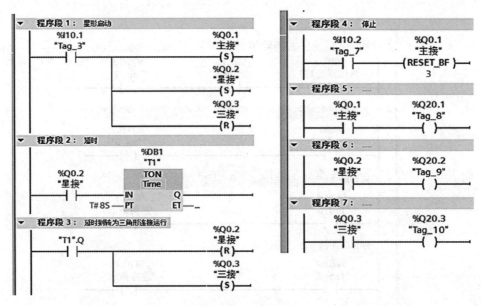

图 7-133　OB1 程序

任务 29　S7-1200 PLC 通过 PROFINET 通信控制 G120 变频器启停与调速

学习目标

- 厘清西门子变频器家族类别。
- 能正确组态和配置 G120 变频器，会用 PLC 读写 G120 变频器参数。
- 弄清 G120 标准报文各个字的内涵。
- 理解 G120 变频器读写指令并能正确配置参数。

建议学时

4 课时

S7-1200 与 G120
变频器之间通信
报文组态讲解

工作情景

　　某企业车间要求用 S7-1200 PLC 远程控制 G120 变频器实现电动机启停及调速，同时读取变频器状态和转速，如图 7-134 所示，请你们小组按控制要求完成任务。

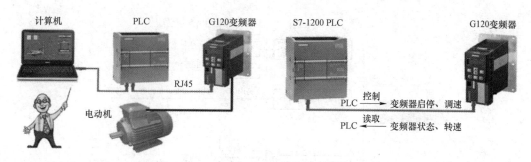

图 7-134　S7-1200 PLC 控制 G120 变频器

知识导图

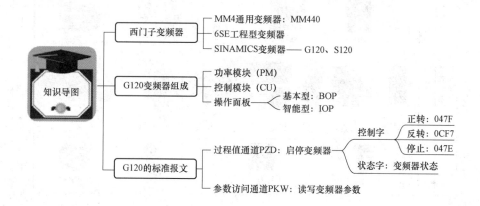

相关知识

PLC 控制变频器有端子接口控制和通信接口控制两种形式，如图 7-135 所示，下面主要介绍 S7-1200 PLC 通过 PROFINET 通信控制 G120 变频器。

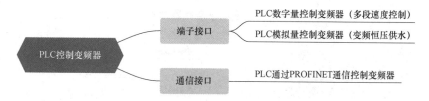

图 7-135　PLC 控制变频器两种形式

1. 西门子变频器

西门子变频器种类如图 7-136 所示，西门子变频器外形如图 7-137 所示。

2. G120 变频器组成

G120 变频器结构如图 7-138 所示，其外形如图 7-139 所示。

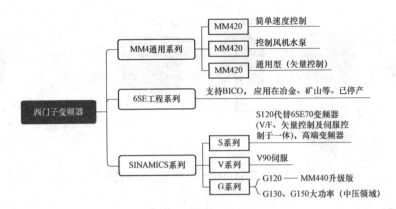

图 7-136　西门子变频器种类

MM440变频器

6SE70工程变频器

G120变频器

图 7-137　西门子变频器外形图

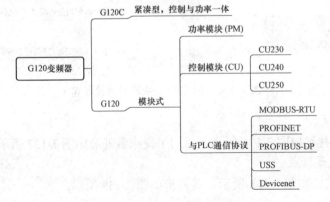

图 7-138　G120 变频器结构

图 7-139 G120 变频器外形图

（1）控制模块。

G120 的控制模块有 CU240E（经济型）、CU240B（基本型）、CU240S（高级）、CU240T（工艺型）、CU240P（风机水泵型），CU240E 系列控制单元如图 7-140 所示，其外形如图 7-141 所示。

（2）功率模块。

G120 的功率模块有 PM230、PM240、PM250，如图 7-142 所示，其外形如图 7-143 所示。

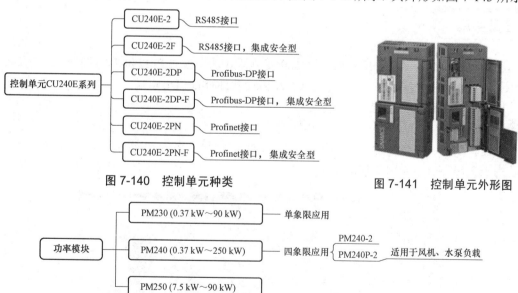

图 7-140 控制单元种类　　　　　图 7-141 控制单元外形图

图 7-142 功率模块

图 7-143 功率模块外形图

（3）操作面板。

BOP：基本操作面板，设置参数和诊断功能等，如图 7-144（a）所示。

IOP：智能操作面板，采用图形和文本显示，界面提供参数设置、调试向导、诊断及上传下载功能等，如图 7-144（b）所示。

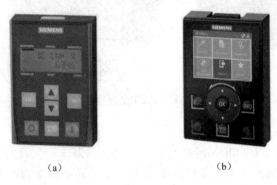

（a）　　　　　　　　　（b）

图 7-144　操作面板

（a）BOP；（b）IOP

任务实施

硬件和软件准备：S7-1200 PLC、G120 变频器（功率模块 PM240-2、控制模块 CU240E-2PN、操作面板 BOP 或 IOP）、计算机（TIA 博途软件+Start Drive）。

1. TIA Portal 硬件组态

（1）组态 S7-1200 PLC 站。

创建新项目，并命名为"S7-1200 与 G120 通信"，设备名为 PLC-1，如图 7-145 所示；IP 地址为 192.168.0.1，如图 7-146 所示。

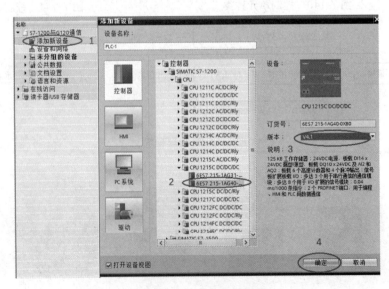

图 7-145　添加新设备

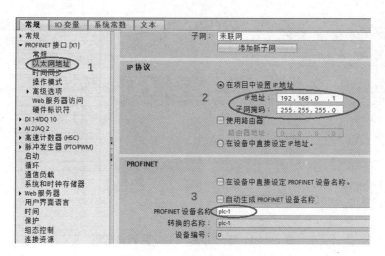

图 7-146 设置以太网地址

（2）添加 G120 变频器并分配主站接口，完成与 I/O 控制器网络连接。

在"设备和网络"/"网络视图"/"硬件目录"/"其他现场设备"下找到"SINAMICS"，如图 7-147 所示，在"SINAMIC"中找到"SINAMICS G120 CU240E-2PN（-F）V4.7"并拖到网络视图中，把 PLC-1 CPU1215C 与 SINAMICS G120 CU240E-2PN（-F）V4.7 联网，如图 7-148 所示。

图 7-147 添加 G120 变频器

（3）组态 G120，在变频器的"设备视图"中设置 IP 地址和设备名称，IP 地址为 192.168.0.2，设备名称为 g120，如图 7-149 所示。

（4）组态 G120 的报文类型。

报文是 G120 变频器与外部设备（如 PLC）之间通信发送的数据，变频器报文类型如图 7-150 所示。

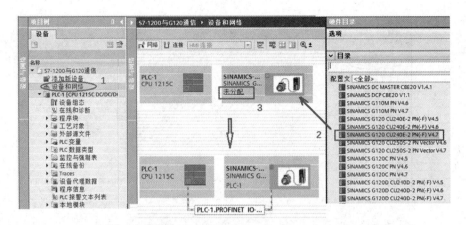

图 7-148　把 PLC 和 G120 变频器联网

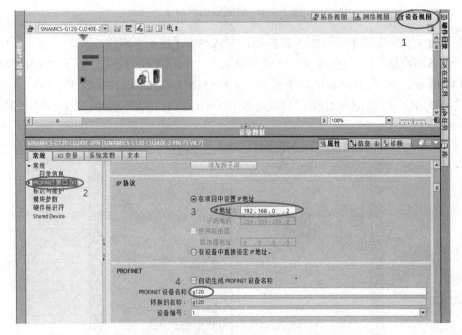

图 7-149　设置 G120 变频器 IP 地址和设备名

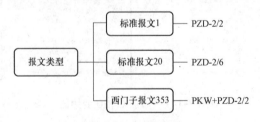

图 7-150　变频器报文类型

报文结构：过程值通道 PZD ＋ 参数访问通道 PKW。

PZD 主要用于控制变频器启停、调速、读取实际值、状态信息等。

PKW 用于读写变频器参数，每次只读写一个参数，PKW 长度固定为 4 个字。

下面先学习 PZD，PZD 分为 PZD1 和 PZD2。

1）控制字与设定值。

控制字与设定值是由 PLC 发送给变频器的通信数据，如表 7-2 所示。其中，控制字用于控制设备的启停，使用时将控制字拆分成 16 个位，分别把 BICO 互连到变频器启停控制相关的参数；设定值用于给定速度、转矩等，以一个字或双字输入变频器中。

2）状态字与实际值。

状态字与实际值是由变频器发送给 PLC 的通信数据。状态字用于指示变频器当前的运行状态，使用时将字拆分为 16 个位，每个位表示的意义取决于变频器中对状态字的定义。实际值表示变频器当前的一些物理量的实际大小，如转速、电流、电压、频率、转矩等，以一个字或者双字作为整体来使用。

表 7-2 PZD

数据传送	PZD1	PZD2
PLC→G120	控制字	设定值
G120→PLC	状态字	实际值

标准报文：即报文长度和报文中 PZD 的作用已经被指定，直接插入。

西门子报文：指令调用。

PZD 接口用于收发变频器与 PLC 的通信数据，在变频器的"设备视图"的"设备概览"中。

本任务选择"标准报文 1，PZD_2/2"，输入两个字，输入地址 IW68，IW70，这是 PLC 读变频器状态字；输出两个字，输出地址 QW68，QW70，这是 PLC 控制变频器启停及调速字，如图 7-151 所示。

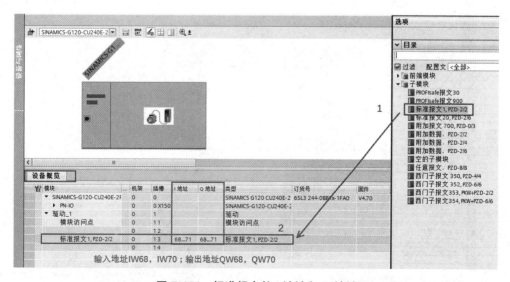

图 7-151 标准报文的 I 地址和 Q 地址

（5）保存编译，下载 PLC 硬件配置，如图 7-152 所示。

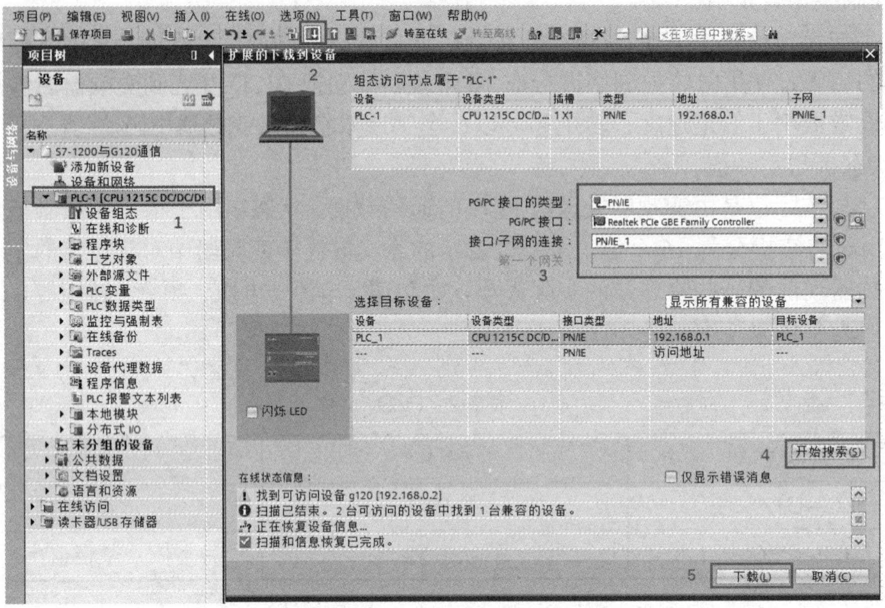

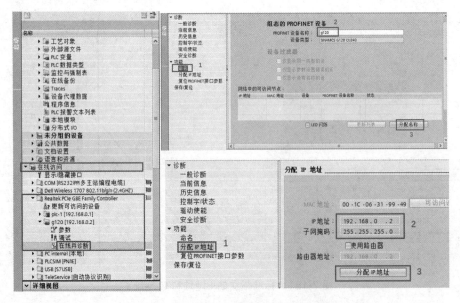

图 7-152 下载 PLC 硬件配置

2. G120 变频器的配置

在完成 S7-1200 PLC 的硬件配置下载后，S7-1200 PLC 与 G120 还无法进行通信，必须为实际 G120 分配设备名和 IP 地址，保证实际 G120 分配的设备名和 IP 地址与硬件组态中为 G120 分配的设备名和 IP 地址一致。

（1）为 G120 分配设备名和 IP 地址，如图 7-153 所示。

图 7-153 为 G120 分配设备名和 IP 地址

（2）变频器断电再上电。

分配完成后，变频器面板的红灯亮，变频器硬件停电重新启动一次，软件才能辨识变频器 G120 设备，否则所组态硬件及程序控制无效，此时 PLC 和变频器面板的绿灯亮，表示 PLC 与变频器通信成功，如图 7-154 所示。

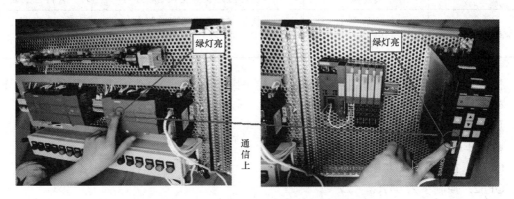

图 7-154　变频器断电再上电绿灯亮，通信成功

（3）设置 G120 的命令源和报文类型，如图 7-155 所示。

1）在线访问 G120，选择"参数"进入参数视图页面；

2）选择"通讯"/"配置"；

3）设置 P0015=7（需要先更改 P0010 的数值），再设置 P0922=1，选择标准报文 1（PZD_2/2）。

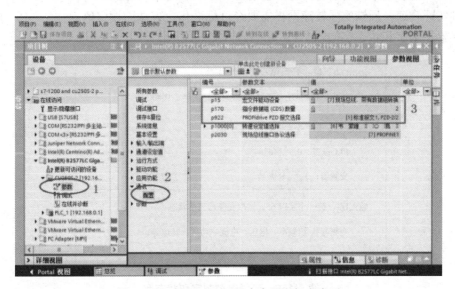

图 7-155　设置 G120 的命令源和报文类型

通过标准报文 1 控制电动机的启停及速度。

S7-1200 PLC 通过 PROFINET PZD 通信方式将控制字和设定值，周期性地发送至变频器，变频器将状态字和实际转速发送到 PLC，外部设备通信使用：I 区，Q 区，如表 7-3 所示。

表 7-3　变频器与 PLC 设备通信 PZD 区

数据方向	PLC 的 I/O 地址	变频器过程数据	数据类型
PLC→变频器	QW68	控制字：控制变频器启停	16 进制
	QW70	设定值：设置变频器转速	有符号整数
变频器→PLC	IW68	状态字：变频器当前状态	16 进制
	IW70	实际转速	有符号整数

控制字：对变频器的工作运行进行控制。控制字是由各个控制位组成，常用控制字如下。

● 正转启动：控制字为 047F。

反转启动：控制字为 0C7F。

● 停车：

OFF1：控制字为 047E（16 进制）。

OFF2：控制字为 047C。

OFF3：控制字为 047A。

● 故障恢复：控制字为 04FE。

设定值：速度设定值要经过标准化，变频器接收十进制有符号整数，16 384（十进制）或 4 000H（十六进制）对应于 100%的速度，参数 P2000 中设置 100%对应的参考转速。

反馈状态字：十六位，它表示的是变频器处于哪种状态，是运行还是停机，是报警还是故障等，每一位表示不同的功能，每一位的 0 和 1 表示这个功能的不同状态。

反馈实际转速：反馈实际转速同样需要经过标准化，方法同设定值。

变频器控制字和状态字如图 7-156 所示。

```
输出Q点，第一个字QW68控制启停

    停止：16#047E，正转：16#047F，反转：16#0C7F

输出Q点，第二个字QW70设定速度

    PLC设置：0……16384

    变频器：0……1500转

输入I点，第一个字IW68，读取变频器当前状态

    变频器状态(频率、电压、电流、功率、转速等)

输入I点，第二个字IW70，读取当前转速
```

图 7-156　变频器控制字和状态字

控制字、状态字每个状态位是如何定义的，变频器手册中有详细说明。

PLC 设定值 M 与实际值 N（如转速）之间的关系为：

$$N=P200X*M/16\ 384$$

其中，P200X 为变量（参考变量表），变频器电动机参数表如表 7-4 所示。

例如：设 P2000 中的参考转速为 1 500 rmp，我们如果想达到的转速值 N 为 750 rmp，那么我们需要在 PLC 输入的设定值为 M=750*16 384/1 500=8 192，其换算关系如图 7-157 所示。

表 7-4　变频器电动机参数表

参数	含义
P2000	转速
P2001	电压
P2002	电流
P2003	转矩
P2004	功率
P2005	角度
P2006	温度
P2007	加速度

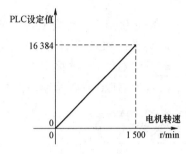

图 7-157　转速与数字量关系坐标

3. PLC 程序设计

PLC 程序如图 7-158 所示。

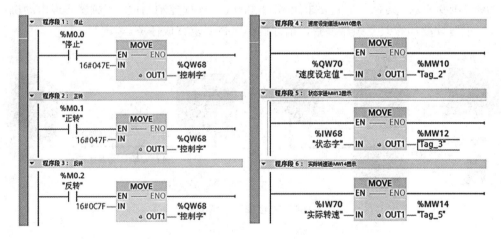

图 7-158　PLC 程序

任务思政

我国变频器行业与欧洲老牌工业国家相比起步较晚，直到 20 世纪 90 年代初才开始使用变频器，30 多年来，我国变频器的研发和生产制造也在艰辛中向前发展，诞生了台达、汇川、英威腾、安邦信、惠丰、利德华福、佳灵、普传等变频器生产企业，国产变频器厂家生产的国产变频器在质量和技术方面已经能够和进口的变频器媲美，在变频器性价比方面优于进口变频器，部分产品成功实现了逆袭。众多国产变频器品牌通过对行业的深耕，以及提供多样、个性化的服务，而赢得了越来越广阔的市场。

任务 30　S7-1200 PLC 通过 PROFINET 通信读写 G120 变频器参数

学习目标

- 能正确组态和配置 G120 变频器任务。
- 会进行 PLC 读写 G120 变频器参数监控。
- 弄清 G120 标准报文 1 各个字的内涵。
- 理解 G120 变频器读写指令并能正确配置参数。

建议学时

4 课时

工作情景

如图 7-159 所示，某企业车间要求用 S7-1200 PLC 远程控制 G120 变频器实现电动机启停及调速，同时读取和修改变频器参数，请你们小组按要求完成任务。

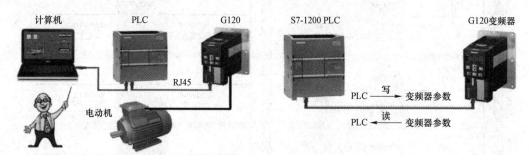

图 7-159　PLC 读写变频器参数

知识导图

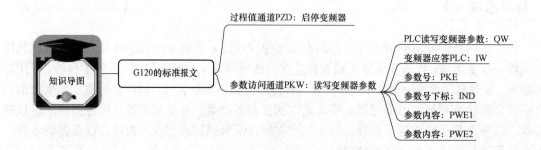

参数访问通道 PKW 报文

PKW 通道用于读写变频器参数,如要查看变频器参数的值或修改变频器参数值,PKW 通道长度固定为 4 个字。

PKW 数据结构

PKW 通信工作模式如图 7-160 所示,PLC 发出写请求,一般用 QW 请求,变频器收到请求后处理请求,并将处理结果应答给 PLC,一般用 IW 应答。

PKW 通信请求包含 4 个字,第 1 个字是参数号,第 2 个字是索引(参数号下标),第 3、4 个字是参数内容,如图 7-161 所示。

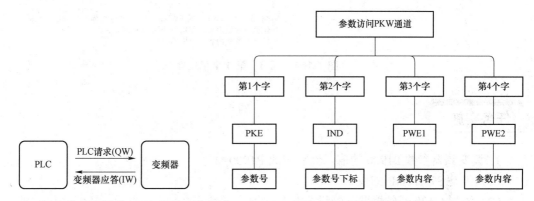

图 7-160   PLC 和变频器的 PKW 通信工作模式   图 7-161   PKW 通信参数内容

第 1 个字 PKE 处理如图 7-162 所示。

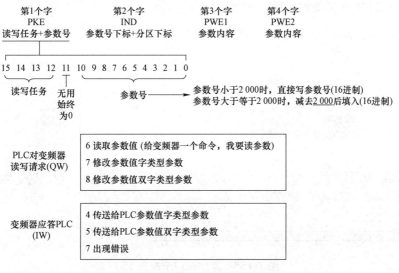

图 7-162   第 1 个字 PKE 处理

第 2 个字 IND 处理如图 7-163 所示。

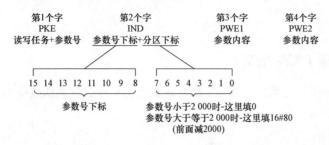

第1个字
PKE
读写任务+参数号
第2个字
IND
参数号下标+分区下标
第3个字
PWE1
参数内容
第4个字
PWE2
参数内容
15 14 13 12 11 10 9 8
7 6 5 4 3 2 1 0
参数号下标
参数号小于2 000时-这里填0
参数号大于等于2 000时-这里填16#80
(前面减2000)

图 7-163　第 2 个字 IND 处理

第 3、第 4 个字处理如图 7-164 所示。

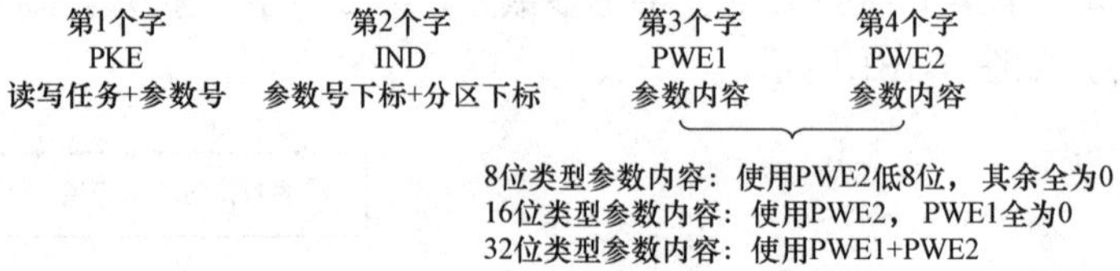

第1个字
PKE
读写任务+参数号
第2个字
IND
参数号下标+分区下标
第3个字
PWE1
参数内容
第4个字
PWE2
参数内容
8位类型参数内容：使用PWE2低8位，其余全为0
16位类型参数内容：使用PWE2，PWE1全为0
32位类型参数内容：使用PWE1+PWE2

图 7-164　第 3、第 4 个字处理

任务实施

1. 读变频器参数 P1900 的值，然后修改 P1900=2

（1）组态 S7-1200 PLC 站。

（2）添加 G120 变频器并分配设备名和地址。

（3）添加 G120 变频器的“西门子报文 353，PKW+PZD_2/2”，如图 7-165 所示。

（4）保存编译，下载 PLC 硬件配置。

（5）配置 G120 变频器的设备名和地址。

SINAMICS-G120-CU240E-2
目录
过滤
前端模块
子模块
PROFIsafe报文30
PROFIsafe报文900
标准报文1, PZD-2/2
标准报文20, PZD-2/6
附加报文 700, PZD-0/3
附加数据，PZD-2/2
附加数据，PZD-2/4
附加数据，PZD-2/6
空的子模块
任意报文，PZD-8/8
西门子报文 350, PZD-4/4
西门子报文 352, PZD-6/6
西门子报文353, PKW+PZD-2/2
西门子报文354, PKW+PZD-6/6
1
设备概览
模块
机架
插槽
I 地址
Q 地址
类型
订货号
PN-IO
驱动_1
模块访问点
SINAMICS G120 CU240E-2 PN(-F) V4.7
驱动
西门子报文353, PKW+PZD-2/2
68...79
2

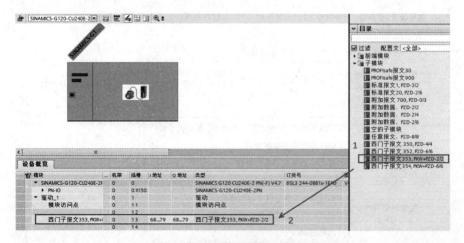

图 7-165　添加西门子报文 353

（6）变频器断电再上电。

（7）G120 变频器读写指令。

在 PLC 的 OB1 中引入变频器读写指令，指令的 LADDR 是报文的地址，RECORD 是数据缓冲区，如图 7-166 所示。

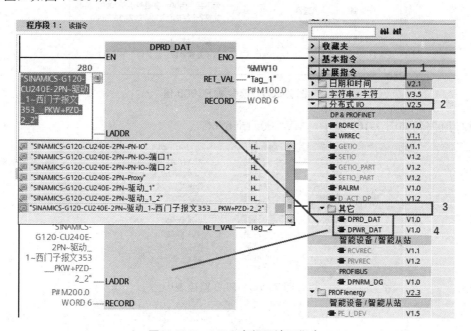

图 7-166　G120 变频器读写指令

读写指令程序如图 7-167 所示。

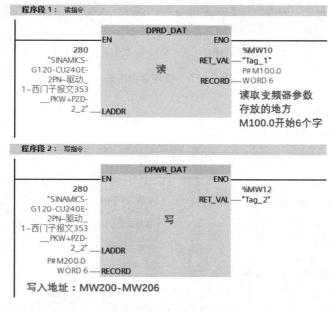

图 7-167　读写指令程序

1）读变频器参数 P1900 的值，如图 7-168 所示。

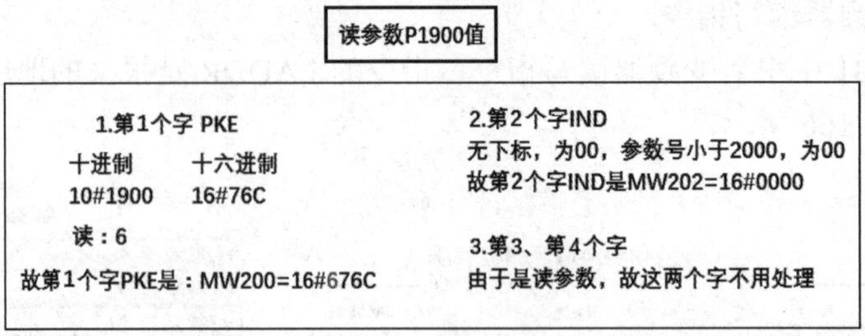

<table>
<tr><td colspan="2">读参数P1900值</td></tr>
<tr><td>1.第1个字 PKE

十进制　　十六进制
10#1900　16#76C

读：6

故第1个字PKE是：MW200=16#676C</td><td>2.第2个字IND
无下标，为00，参数号小于2000，为00
故第2个字IND是MW202=16#0000

3.第3、第4个字
由于是读参数，故这两个字不用处理</td></tr>
</table>

图 7-168　读参数 P1900 值

PLC 监控表如图 7-169 所示，MW200=16#676C。

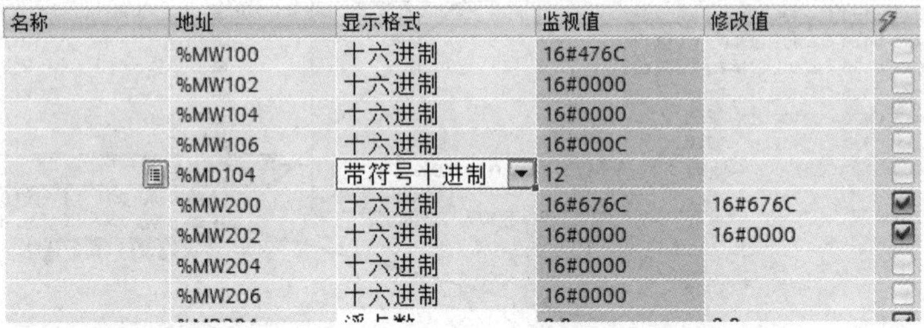

名称	地址	显示格式	监视值	修改值	
	%MW100	十六进制	16#476C		
	%MW102	十六进制	16#0000		
	%MW104	十六进制	16#0000		
	%MW106	十六进制	16#000C		
	%MD104	带符号十进制 ▼	12		
	%MW200	十六进制	16#676C	16#676C	☑
	%MW202	十六进制	16#0000	16#0000	☑
	%MW204	十六进制	16#0000		
	%MW206	十六进制	16#0000		

图 7-169　PLC 监控表

变频器参数表如图 7-170 所示，从参数表读得 P1900=12。

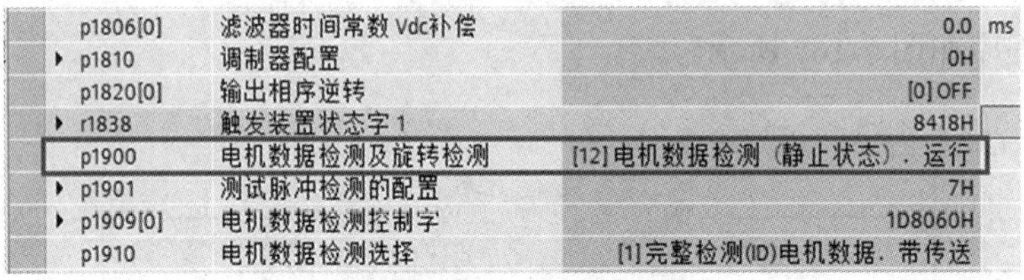

p1806[0]	滤波器时间常数 Vdc补偿	0.0	ms
▸ p1810	调制器配置	0H	
p1820[0]	输出相序逆转	[0] OFF	
▸ r1838	触发装置状态字 1	8418H	
p1900	电机数据检测及旋转检测	[12]电机数据检测（静止状态），运行	
p1901	测试脉冲检测的配置	7H	
▸ p1909[0]	电机数据检测控制字	1D8060H	
p1910	电机数据检测选择	[1]完整检测(ID)电机数据，带传送	

图 7-170　变频器参数表

2）修改变频器参数 P1900=2。

如图 7-171 所示，MW200=16#776C。

<table>
<tr><td colspan="2">修改P1900值</td></tr>
<tr><td>1.第一个字 PKE

十进制　　十六进制
10#1900　16#76C

写 16位：7

故第一个字PKE是：MW200=16#776C</td><td>2.第二个字IND
无下标，为00，参数号小于2000，为00
故第二个字IND是MW202=16#0000

3.第三、第四个字
十进制　　十六进制
10#2　　　16#2

PWE1(高位) MW204=16#0000
PWE2(低位) MW206=16#0002</td></tr>
</table>

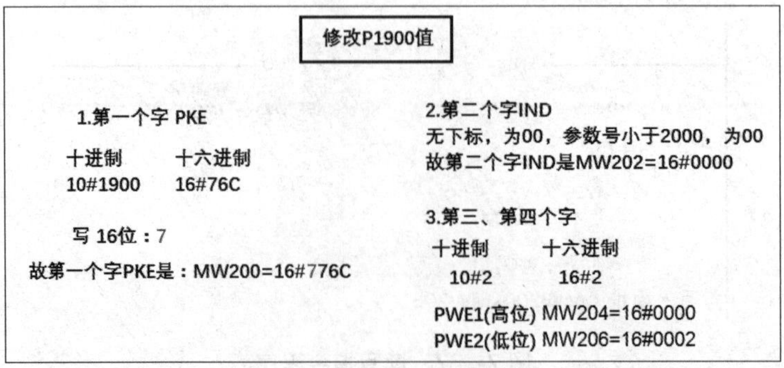

图 7-171　修改变频器参数 P1900 值

PLC 监控表如图 7-172 所示，MW200=16#776C。

地址	显示格式	监视值	修改值	⚡
%MW100	十六进制	16#476C		☐
%MW102	十六进制	16#0000		☐
%MW104	十六进制	16#0000		☐
%MW106	十六进制	16#0002		☐
%MD104	无符号十进制	2		☐
%MW200	十六进制	16#776C	16#776C	☑
%MW202	十六进制	16#0000	16#0000	☑
%MW204	十六进制	16#0000		☐
%MW206	十六进制	16#0002		☐
📋 %MD204	无符号十进制 ▾	2	2	☑

图 7-172 PLC 监控表

变频器参数表如图 7-173 所示，P1900=2。

▸ p1810	调制器配置	0H
p1820[0]	输出相序逆转	[0] OFF
▸ r1838	触发装置状态字 1	8418H
p1900	电机数据检测及旋转检测	[2] 电机数据检测（静止状态）
▸ p1901	测试脉冲检测的配置	7H
▸ p1909[0]	电机数据检测控制字	198060H
p1910	电机数据检测选择	[1] 完整检测(ID)电机数据，带传送
▸ p1959[0]	旋转检测配置	1EH

图 7-173 变频器参数表

2. 读变频器参数 P2285 值（积分时间），然后修改 P2285=20。

（1）读变频器参数 P2285 值，如图 7-174 所示。

读P2285值

1.第一个字 PKE
大于2000，减去2000后为285
十进制　　十六进制
10#285　　16#11D
读：6
故第一个字PKE是：MW200=16# 611D

2.第二个字IND
无下标，为00，参数号大于2000，为16#80
故第二个字IND是MW202=16#0080

图 7-174 读变频器参数 P2285 值

PLC 监控表如图 7-175 所示，MW200=16#611D。

名称	地址	显示格式	监视值	修改值	⚡	
	%MW100	十六进制	16#511D		☐	
	%MW102	十六进制	16#0080		☐	
	%MW104	十六进制	16#420C		☐	
	%MW106	十六进制	16#0000		☐	
	%MD104	浮点数	35.0		☐	
	%MW200	十六进制	16#611D	16#611D	☑	!
	%MW202	十六进制	16#0080	16#0080	☑	!
	%MW204	十六进制	16#0000		☐	
	%MW206	十六进制	16#0000		☐	
📋	%MD204	浮点数 ▾	0.0		☐	

图 7-175 PLC 监控表

变频器参数表如图 7-176 所示，P2285=35.000。

r2272	经过比例的工艺控制器实际值		0.00	%
r2273	工艺控制器调节差		0.00	%
p2274	工艺控制器差分的时间常数		0.000	s
p2280	工艺控制器比例增益		1.000	
p2285	工艺控制器积分时间		35.000	s
▶ p2286[0]	BI: 停止工艺控制器积分器	r56.13 CO/BO: 闭环控制状态字		
▶ p2289[0]	CI: 工艺控制器前馈信号		0%	
▶ p2290[0]	BI: 工艺控制器极限使能		1	

图 7-176　变频器参数表

（2）修改 P2285=20，如图 7-177 所示。

图 7-177　修改 P2285 值

PLC 监控表如图 7-178 所示，MW200=16#811D。

名称	地址	显示格式	监视值	修改值	🖉	
	%MW100	十六进制	16#511D		☐	
	%MW102	十六进制	16#0080		☐	
	%MW104	十六进制	16#41A0		☐	
	%MW106	十六进制	16#0000		☐	
	%MD101	浮点数	20.0		☐	
	%MW200	十六进制	16#811D	16#811D	☑	！
	%MW202	十六进制	16#0080	16#0080	☑	！
	%MW204	十六进制	16#41A0		☐	
	%MW206	十六进制	16#0000		☐	
▦	%MD204	浮点数 ▾	20.0	20.0	☑	！

图 7-178　PLC 监控表

变频器参数表如图 7-179 所示，P2285=20.000。

p2269	工艺控制器增益实际值		100.00	%
p2270	工艺控制器实际值函数	[0] 输出 (y) = 输入 (x)		
p2271	工艺控制器实际值取反（传感器类型）	[0] 不取反		
r2272	经过比例的工艺控制器实际值		0.00	%
r2273	工艺控制器调节差		0.00	%
p2274	工艺控制器差分的时间常数		0.000	s
p2280	工艺控制器比例增益		1.000	
p2285	工艺控制器积分时间		20.000	s
▶ p2286[0]	BI: 停止工艺控制器积分器	r56.13 CO/BO: 闭环控制状态字		
▶ p2289[0]	CI: 工艺控制器前馈信号		0%	
▶ p2290[0]	BI: 工艺控制器极限使能		1	

图 7-179　变频器参数表

任务 31　S7-1200 PLC 通过 PROFINET 通信控制 FANUC 工业机器人

学习目标

- 厘清工业机器人编程和 PLC 编程实现控制要求的区别。
- 比较 PLC 与工业机器人两种信号传输方式，说出通信方式种类。
- PLC 组态时能正确设置 PLC 与 FANUC 工业机器人通信的 I/O 映射信号。
- Profinet 通信时能正确配置 FANUC 工业机器人参数。

建议学时

4 课时

工作情景

如图 7-180 所示，一条输送生产线上，在 A，B，C 3 个位置有 3 个工业机器人工作站，代表 3 个工位需要进行 3 种工艺操作，PLC 首先控制传送带运动，工件到达工位 A，传送带停止。工位 A 的位置传感器检测到工件到位了，发送信号给 PLC，PLC 接收到此输入信号，同时综合其他一些外部信号判断此时工位 A 的机器人可以开始工作了，则通过 PLC 输出发送一个信号给机器人 A，机器人 A 开始工作（搬运工件到机床加工）。机器人 A 工作结束后，再反馈一个完成信号给 PLC，PLC 接收此信号后继续启动电动机控制传送带把工件运到工位 B，传送带停止。工位 B 的位置传感器检测到工件到位了，发送信号给 PLC，PLC 接收到此输入信号，同时综合其他一些外部信号判断此时工位 B 的机器人可以开始工作了，则通过 PLC 输出发送一个信号给机器人 B，机器人 B 开始工作（搬运工件到机床加工）。机器人 B 工作结束后，再反馈一个完成信号给 PLC，同理到 C 位置，重复以上逻辑过程。

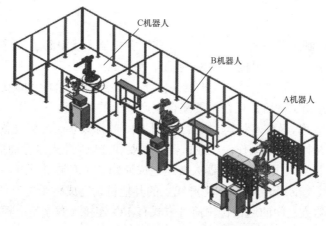

图 7-180　机器人输送生产线示意图

控制要求：

用 1 台 S7-1200 PLC 通过 PROFINET 与 1 台 FANUC 工业机器人通信，如图 7-181 所示，当机器人接收到 PLC 信号时，机器人启动，按照机器人设定的程序进行工作，完成工作任务后发出一个信号给 PLC，要求设计 PLC 与机器人通信的解决方案。

图 7-181　PLC 与机器人通信示意图

知识导图

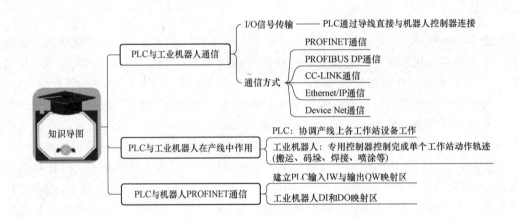

相关知识

随着信息技术在制造业中的广泛应用，目前工业机器人已得到了广泛的应用，最有代表性的是在汽车制造业中，其在焊接、喷漆、装配、搬运等工序中都大显身手。工业机器人不是孤立工作的，一条生产线需要多个工业机器人协作，机器人单机的各种搬运、码垛、焊接、喷涂等动作轨迹都编程调试好后，还经常要配合生产线上的其他设备动作，例如传送带（变频器控制速度）、立体仓库、AGV 小车、机器人第七轴、喷涂设备、装配设备、设备间安全互锁等；要想完成生产线上全部的动作，工业机器人需要和 PLC 连接进行通信，双方交换信号，如 PLC 什么时候让机器人去搬运，机器人搬运完成通知 PLC；通过这样的交互通信，机器人即可作为整条生产线上的"一员"，和生产线上的其他机构完成整个生产任务。

PLC 与工业机器人之间的通信传输信号方式有 I/O 连接（数字量、模拟量）和通信线连接两种。

1. I/O 信号传输

硬件连线：如图 7-182 所示，PLC 通过导线直接与机器人控制器连接。当机器人的输入与输出点比较多时，浪费 PLC 的 I/O 接口，故一般用通信方式连接。

2. 通信方式传输

PLC 与工业机器人之间以通信方式传输信号，以FANUC 工业机器人为例，通信方式包括 PROFINET 通信、PROFIBUS DP 通信、CC-LINK 通信、Ethernet/IP通信、Device Net 通信。

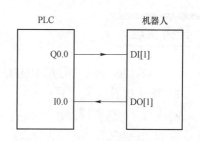

图 7-182　PLC 与机器人的 I/O 信号传输

PLC 端可以通过 CPU 集成的通信接口，或扩展通信模块方式增加通信的功能，机器人端可以通过主板集成的通信接口，或扩展通信板方式增加通信的功能，如图 7-183 所示。

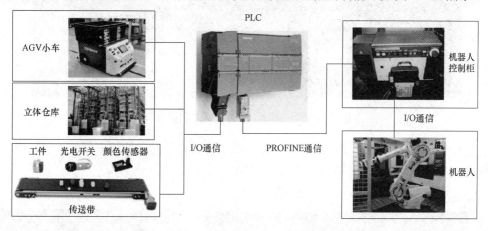

图 7-183　PLC 与机器人及周边设备通信

PLC、工业机器人与自动化之间复杂的"三角"关系中，工业机器人就是一个执行命令的设备，PLC 则能协调控制这些设备，而自动化则由多个这样的设备和 PLC 组成，如图 7-184 所示。

图 7-184　PLC、工业机器人与自动化

问题讨论 1：请你描述一下 PLC 与工业机器人关系。

_____

_____

问题讨论 2：PLC 能实现运动控制，能否用 PLC 代替工业机器人的控制器？

_____

_____

任务实施

1 台 S7-1200 PLC 通过 PROFINET 与 1 台 FANUC 工业机器人通信。

1. 硬件连线

网线直连，普通网线的一头插 S7-1500 PROFINET 通信接口，另一头插机器人 PROFINET 通信板的通信接口，FANUC 机器人以太网通信板如图 7-185 所示，4 个以太网口功能如图 7-186 所示，机器人做从站时的 RJ45 接口如图 7-187 所示。

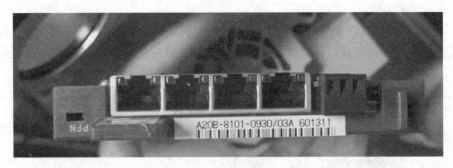

图 7-185　FANUC 机器人以太网通信板

机器人与 PLC 对应的通信，在机器人控制柜都需要安装对应的板卡以及软件功能，如机器人柜子（R-30IB Mate），机器人主体（M-10IA12）。

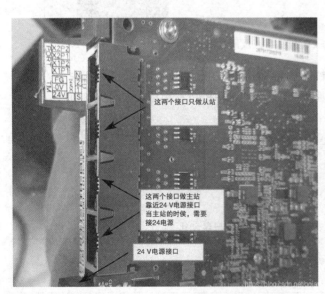

图 7-186　4 个以太网接口功能

图 7-187　机器人做从站时的 RJ45 接口

2. 参数设置

（1）PLC 组态。

1）创建项目，如图 7-188 所示，打开 TIA 博途软件，添加 PLC，设置 IP 地址为 192.168.0.1。

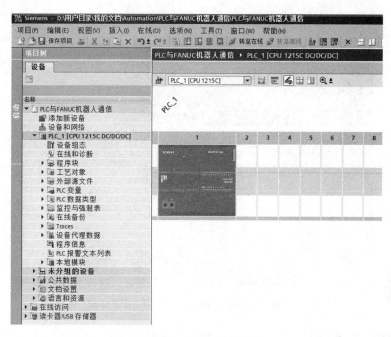

图 7-188　组态 PLC 项目

2）安装 FANUC 机器人 PROFINET GSD 文件。

当 TIA 博途软件需要与第三方设备进行 PROFINET 通信时（如和 FANUC 机器人通信），需要安装第三方设备的 GSD 文件，如图 7-189 所示。

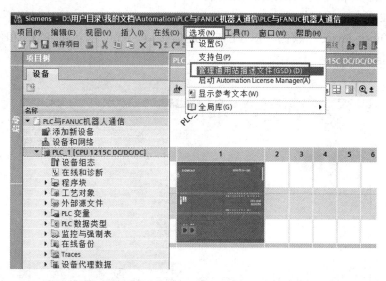

图 7-189　安装 FANUC 机器人 PROFINET GSD 文件

在"选项"中选择"管理通用站描述文件（GSD）"，选中"GSDML-V2.3-Fanuc-A05B2600R834V830-20140601.xml"，单击"安装"按钮，就可将 FANUC 机器人 GSD 文件安装到 TIA 博途软件中，如图 7-190 所示。

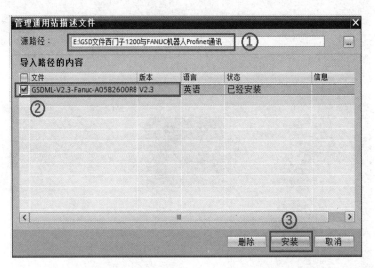

图 7-190　安装 FANUC 机器人 PROFINET GSD 文件

3）添加 FANUC 机器人。

如图 7-191 所示，在"网络视图"中，选择"其他现场设备"，选择"PROFINET IO"/"I/O"/"FANUC"/"R_30iB EF2"，双击"A05B-2600-R834：FANUC Robot Controller（1.0）"，在"属性"选项中设置 IP 地址为"192.168.0.2"，设备名称为"r30ib-iodevice"，注意与 PROFINET 机器人示教器设置的 IP 地址和设备名称要相同。

4）建立 PLC 与机器人 PROFINET 通信。

如图 7-192 所示，用鼠标选中 PLC 绿色 PROFINET 通信接口，按住鼠标不动，引出一条线连接至"r30ib-iodevice"绿色 PROFINET 通信接口，就可建立起 PLC 和机器人之间的 PROFINET 通信连接。

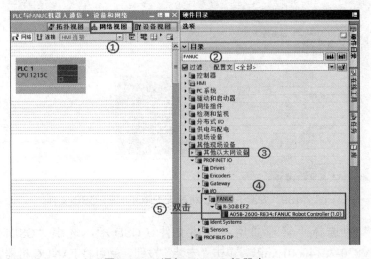

图 7-191　添加 FANUC 机器人

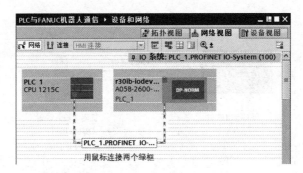

图 7-192　建立 PLC 与机器人 PROFINET 通信

单击图 7-193 中的图标，设备显示 IP 地址，PLC 的 IP 地址为 192.168.0.1，机器人的 IP 地址为 192.168.0.2。

图 7-193　显示 PLC 和机器人 IP 地址

5）设置机器人通信信号。

如图 7-194 所示，选择"设备视图"，选择目录下的"4 Input bytes，4 Output bytes"，输入 4 个字节，地址是 IB2～IB5，包含 32 个输入信号，与机器人中的输出信号 DO［1］～DO［32］相对应，信号数量相同；输出 4 个字节，地址是 QB2～QB5，包含 32 个输出信号，与机器人中的输入信号 DI［1］～DI［31］相对应，信号数量相同。PLC 输入输出与机器人输入输出的映射关系如图 7-195 所示。

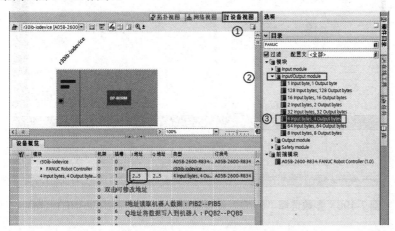

图 7-194　设置 PLC 与机器人映射信号

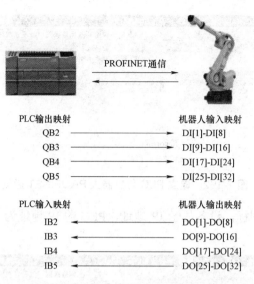

PLC输出映射　　　　　　　　　　机器人输入映射
QB2　　————————→　　DI[1]-DI[8]
QB3　　————————→　　DI[9]-DI[16]
QB4　　————————→　　DI[17]-DI[24]
QB5　　————————→　　DI[25]-DI[32]

PLC输入映射　　　　　　　　　　机器人输出映射
IB2　　←————————　　DO[1]-DO[8]
IB3　　←————————　　DO[9]-DO[16]
IB4　　←————————　　DO[17]-DO[24]
IB5　　←————————　　DO[25]-DO[32]

图 7-195　PLC 与机器人映射地址

（2）机器人配置（从站）。

1）机器人示教器端参数选择"5 I/O"设置菜单进入 I/O ——PROFINET（M），如图 7-196 所示。

2）将光标移到"1 频道"，选择"无效"，禁用主站功能。

3）将光标移到"2 频道"，2 频道是从站，单击"DISP"键切换到右侧界面，设定与 PLC TIA 博途软件中机器人相对应的 IP 地址、掩码、名称，如图 7-197 所示。

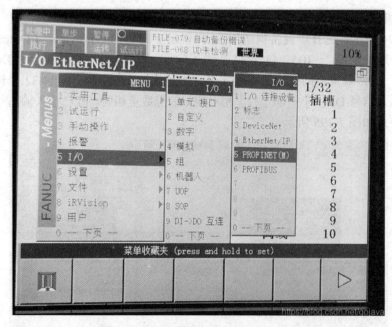

图 7-196　参数选择"5 I/O"设置菜单进入 I/O——PROFINET（M）

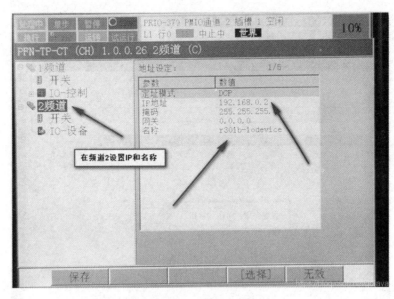

图 7-197　选择 2 频道

4）单击"DISP"键回到"2 频道"界面，将"2 频道"展开，光标移到"IO-设备"，单击"DISP"键，光标移到第一行。

5）选择"编辑"打开"插槽 1"的界面，选择"输入输出插槽"，选择输入输出各 4B 的模块"DI/DO 4 字节"，如图 7-198、图 7-199 所示。

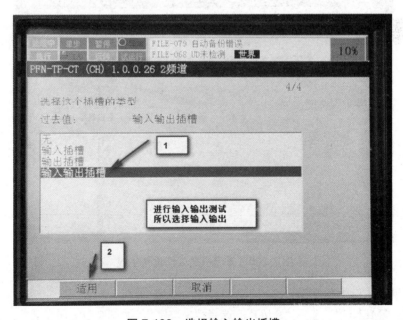

图 7-198　选择输入输出插槽

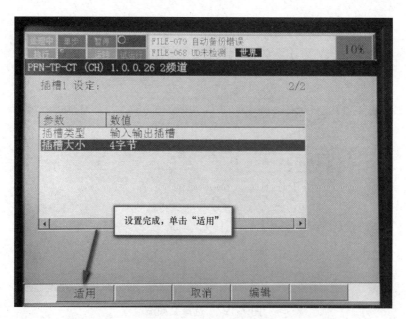

图 7-199　选择 4 字节

6）单击"保存"按钮以保存所有设置，并重启机器人使设置生效，如图 7-200 所示。

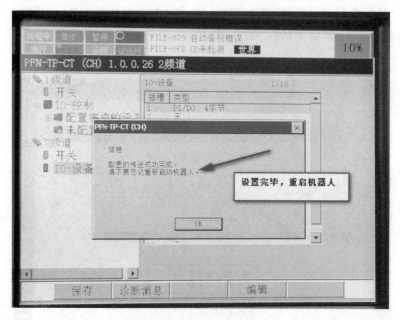

图 7-200　重启机器人使设置生效

7）分配机器人端通信字节。

选择菜单"MENU"，选择"5 I/O"，选择"3 数字"，如图 7-201 所示。

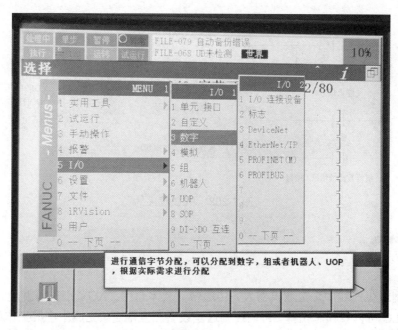

图 7-201

如图 7-202 所示，配置 DI/DO，4 个字节的 DI [1-32]，4 个字节的 DO [1-32]，然后重启机器人。通信成功时，2 频道——I/O 设备显示绿灯；通信失败显示红灯。

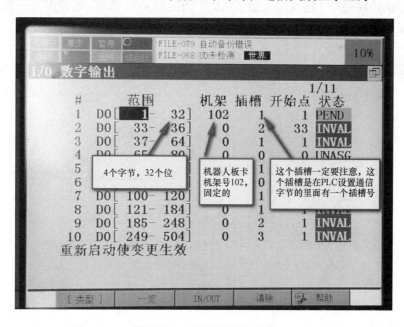

图 7-202　配置 DI/DO 地址

（3）编写 PLC 程序。

PLC 程序如图 7-203 所示。

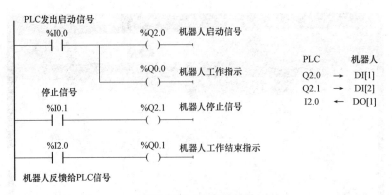

图 7-203　PLC 程序

任务思政

　　在智能制造生产线中，工业机器人、传送带、立体仓库、AGV 小车等就是一个个执行命令的设备，PLC 可以看作总指挥，协调控制这些设备相互配合，完成生产线工作任务。同理，中国人民在共产党的领导下，发挥社会主义制度集中力量办大事的优越性和各级党组织的协调管理能力，形成强大的攻坚合力，助力中华民族从站起来、富起来到强起来的历史性飞跃，先后成功研制"两弹一星"、研发"中国天眼"，建设了长江三峡水利枢纽，实现南水北调，开通西煤东运新铁路通道、港珠澳大桥，完成千万吨级钢铁基地、嫦娥五号登月等跨世纪特大工程，实现全面建成小康社会目标，取得了抗击新冠疫情伟大胜利。